KEYAN SHIYE DANWEI
ZICHAN GUANLI YANJIU

科研事业单位
资产管理研究

魏清岗 等 著

中国农业科学技术出版社

图书在版编目(CIP)数据

科研事业单位资产管理研究 / 魏清岗等著. --北京：中国农业科学技术出版社, 2025.1. -- ISBN 978-7-5116-7296-4

Ⅰ.G322.2

中国国家版本馆 CIP 数据核字第 2025AX0845 号

责任编辑　白姗姗
责任校对　李向荣
责任印制　姜义伟　王思文

出 版 者	中国农业科学技术出版社
	北京市中关村南大街 12 号　邮编：100081
电　　话	(010) 82106638（编辑室）　(010) 82106624（发行部）
	(010) 82109709（读者服务部）
网　　址	https://castp.caas.cn
经 销 者	各地新华书店
印 刷 者	北京建宏印刷有限公司
开　　本	170 mm×240 mm　1/16
印　　张	8.25
字　　数	150 千字
版　　次	2025 年 1 月第 1 版　2025 年 1 月第 1 次印刷
定　　价	56.00 元

◄ 版权所有·翻印必究 ►

《科研事业单位资产管理研究》
著者名单

主　著：魏清岗

副主著：柴　伟

著　者：吴宗钒　卢德成

前　言

在当今全球化与科技迅猛发展的时代背景下，科研事业单位作为科技创新的核心力量，其资产管理的重要性日益凸显。科研事业单位所拥有的资产，不仅是开展科研活动的物质基础，更是推动科技进步、服务社会发展的关键要素。这些资产涵盖了种类繁多的仪器设备、实验室设施、知识产权及大量的科研经费等，其有效管理直接关系科研工作的效率与质量，影响着科研成果的转化与应用，进而对国家的科技竞争力和可持续发展战略产生深远的影响。

然而，随着科研事业的不断拓展和深化，科研事业单位资产管理面临着诸多复杂的挑战与问题。一方面，资产规模的持续扩大和资产种类的日益多样化，使传统的管理模式难以适应新形势的要求，容易出现管理粗放、资源配置不合理等现象。例如，部分科研单位存在仪器设备重复购置、利用率低下的情况，导致大量资金沉淀在闲置资产上，而一些关键领域的科研投入却相对不足。另一方面，在资产管理的过程中，缺乏完善的制度体系和规范的操作流程，导致资产的产权界定不清晰、核算不准确、处置不规范等问题时有发生。这些问题不仅影响了资产的安全与完整，也制约了科研事业单位的创新发展活力。

此外，在国际化进程加速和科技创新日新月异的背景下，科研事业单位资产管理还面临着一系列新的形势与要求。从国际化视角来看，全球科技合作与交流日益频繁，科研事业单位需要遵循国际通行的资产管理规则和标准，加强国际资产的协同管理与共享利用，以提升在国际科研舞台上的竞争力与影响力。科技创新的快速发展则对资产的更新换代速度、技术含量以及管理的灵活性提出了更高的挑战，要求科研事业单位能够及时调整资产管理策略，以适应科技研发的动态需求。同时，科研事业单位作为社会公共服务机构，还肩负着社会责任与可持续发展的使命，需要在资产管理中充分考虑环境友好、资源节约及社会公平等因素，实现资产的绿色管理与可持续利用。

  鉴于以上种种情况，本书旨在全面、系统地探讨科研事业单位资产管理的理论与实践，为相关单位提供科学、实用的管理指导。通过深入剖析科研事业单位资产管理的现状，揭示当前管理中存在的问题与不足，并结合国内外先进的管理经验，提出切实可行的改进与优化建议，以期助力科研事业单位提升资产管理水平，实现资产的高效运营与价值最大化。

  本书采用了文献综述、案例分析、比较研究等多种方法，力求做到理论与实践相结合，定性与定量相补充。在结构安排上，本书按照逻辑顺序和内容层次进行了分章编排，从概述与理论基础出发，逐步深入现状分析、具体管理策略、新形势新要求以及未来趋势与挑战等各个方面，形成了完整、系统的研究框架。

  本书在撰写过程中得到了众多专家学者、科研事业单位管理人员以及相关部门领导的关心与支持。在此，向所有为本书提供帮助和建议的人士表示衷心的感谢。由于科研事业单位资产管理是一个复杂且不断发展的领域，加之作者的研究水平有限，书中难免存在不足之处，恳请广大读者批评指正。希望本书能够为科研事业单位的资产管理工作者、相关领域的研究人员以及关注科研事业单位发展的各界人士提供有益的参考与借鉴，共同推动我国科研事业单位资产管理水平的提升，为科技创新和社会进步作出更大的贡献。

目 录

第一章 科研事业单位资产管理概述及理论基础 ………… 1
  第一节 科研事业单位的定义与特点 ………………… 1
  第二节 科研事业单位资产的概念与分类 …………… 2
  第三节 科研事业单位资产管理的重要性与原则 …… 6

第二章 科研事业单位资产管理现状分析 ………………… 13
  第一节 科研事业单位资产管理体制与机制现状分析 … 13
  第二节 科研事业单位资产管理法规与政策现状 …… 15
  第三节 科研事业单位资产管理实践与问题 ………… 18

第三章 科研事业单位资产配置与使用管理 ……………… 28
  第一节 资产配置标准与程序研究 …………………… 28
  第二节 资产共享与调剂机制研究 …………………… 32
  第三节 闲置资产与废旧资产的处置管理 …………… 35

第四章 科研事业单位流动资产与无形资产的管理 ……… 38
  第一节 流动资产 ……………………………………… 38
  第二节 无形资产 ……………………………………… 39
  第三节 资产管理的重要性与挑战 …………………… 41
  第四节 资产配置与优化策略 ………………………… 47
  第五节 合理评估无形资产价值的重要性 …………… 51
  第六节 无形资产保护的措施 ………………………… 52
  第七节 利用无形资产策略 …………………………… 53
  第八节 资产监管与风险控制 ………………………… 55

第五章 科研事业单位资产监管与评估 …………………… 61
  第一节 资产监管体系建设与完善 …………………… 61

- 第二节　资产评估方法与程序研究 …………………………… 62
- 第三节　资产流失风险防范与治理策略 ………………………… 66
- 第四节　资产管理信息化概述与发展趋势 ……………………… 68
- 第五节　资产管理信息化平台建设与应用 ……………………… 70
- 第六节　信息化在资产管理流程优化中的作用 ………………… 72
- 第七节　资产管理信息化发展的挑战与对策 …………………… 75

第六章　科研事业单位资产管理综合改进与优化　76

- 第一节　资产管理改革的必要性与紧迫性 ……………………… 76
- 第二节　资产管理改革的思路与目标设计 ……………………… 78
- 第三节　资产管理创新的实践与探索 …………………………… 79
- 第四节　改革与创新在提升资产管理效能中的作用 …………… 81
- 第五节　法律与合规性 …………………………………………… 83
- 第六节　风险管理与防范 ………………………………………… 89

第七章　科研事业单位资产管理的新时代适应与战略选择　97

- 第一节　国际化视角下的资产管理策略 ………………………… 97
- 第二节　资产管理在科技创新活动中的作用 …………………… 107
- 第三节　资产管理支持科技创新活动的具体措施 ……………… 107
- 第四节　资产管理支持科技创新活动的案例分析 ……………… 108
- 第五节　实施策略与建议 ………………………………………… 110
- 第六节　科研事业单位资产管理创新模式案例 ………………… 112
- 第七节　融入社会责任与可持续发展理念的资产管理实践 …… 114

第一章　科研事业单位资产管理概述及理论基础

第一节　科研事业单位的定义与特点

一、定义

科研事业单位系由国家或地方政府依法设立的非营利性机构，其核心职责在于从事科学技术研究、试验发展、技术推广与服务等公益性活动。此类单位在国家创新体系中占据举足轻重的地位，是推动国家科技创新、提升综合国力及促进社会进步的重要力量。

科研事业单位也是塑造未来的关键力量。

二、特点

科研事业单位是国家创新体系的核心，汇聚顶尖人才，推动科技创新。通过产学研合作，实现科技成果转化，促进经济社会发展。站在科技前沿，引领发展趋势，参与国际交流，推动全球创新。服务国家重大战略，支撑关键核心技术攻关。总之，科研事业单位是国家科技创新和社会进步的重要推动力量。其特点如下。

1. 公益性

科研事业单位的首要宗旨在于推动科技进步和社会发展。相较于以盈利为目的的企业，其专注于对社会和国家长期发展有益的科学研究。其研究领域涵盖基础科学、应用科学、社会科学等多个领域，其成果往往具有深远的社会价值和公共利益。此外，这些单位不仅关注科学技术的前沿探索，更致力于将研究成果应用于解决国家和社会发展的实际问题中，为政府决策提供科学依据，为产业升级提供技术支持，为社会进步提供智力支撑。

2. 非营利性

科研事业单位的收入主要用于支持其科研活动的开展和机构的正常运转，包括设备购置与维护、人员薪酬与培训、科研项目经费等。其不以营利为目的，收入必须全部用于实现其公益使命，而非用于分配利润或追求经济利益的最大化。其资金来源主要依赖于政府拨款、科研项目经费、社会捐赠等，其中政府拨款是最主要且稳定的资金来源。

3. 专业性

科研事业单位拥有一支高素质的科研团队和先进的科研设备，这是其开展高水平科学研究的重要保障。团队成员通常具备深厚的学科背景和丰富的实践经验，他们是单位科研活动的核心力量。同时，这些单位还积极对外开放共享其设备和实验室设施，服务于更广泛的科研群体，推动科学技术的进步和发展。

4. 政府支持

政府在科技政策、财政投入、项目管理等方面给予科研事业单位大力的支持和保障。通过制定有利于科技创新的法律法规、提供稳定的财政拨款、设立科研项目和奖励计划等措施，政府为科研事业单位创造了良好的发展环境。此外，政府还注重协调不同科研事业单位之间的合作与交流，推动形成更加高效和协同的科技创新体系，同时鼓励科研事业单位与产业界、学术界等其他社会主体开展广泛合作，共同推动科技成果的转化和应用。

第二节 科研事业单位资产的概念与分类

一、定义

科研事业单位资产系指由科研事业单位占有、使用或控制的，能以货币计量的经济资源。这些资产不仅为科研事业单位开展科学技术研究、试验发展、技术推广等公益性活动提供了基础，同时是其实现长期可持续发展的重要保障。科研事业单位资产不仅是货币计量的经济资源，更是科技创新与可持续发展的坚强后盾。资产种类繁多，包括设备资产和建筑资产等，都是科研人员探索未知、攻克难题的重要工具。同时，无形资产如专利权、商标权、著作权等也是核心竞争力的重要体现，为科研事业单位带来了经济效益和社会形象的提升。

对外投资和其他权益形式的多元化配置，拓宽了科研事业单位的收入来源，推动了科研成果的转化和应用，实现了科技创新与经济社会发展的深度融合。

科研事业单位资产是科技创新与可持续发展的坚强后盾。

二、分类

科研事业单位资产的分类是资产管理的基础，有助于单位清晰掌握自身资产状况，合理配置和使用资产，提高资产使用效率。以下是科研事业单位资产的分类介绍。

（一）按经济内容分类

1. 固定资产

固定资产指单位价值较高、使用期限较长的资产，如土地、房屋、建筑物、设备、仪器等。固定资产是科研事业单位开展科研活动的基础设施，对其购置、使用、处置等须进行严格管理。

2. 流动资产

流动资产指一年内或一个营业周期内可变现或耗用的资产，包括现金、银行存款、应收账款、存货等。流动资产是科研事业单位日常运营和科研活动所需的流动资金，管理重点是确保资金的流动性和安全性。

3. 无形资产

无形资产指不具有实物形态但具有经济价值的资产，如专利权、商标权、著作权、非专利技术等。无形资产是科研事业单位的重要知识产权和资产，管理重点是保护知识产权，防止无形资产流失。

4. 对外投资

对外投资指科研事业单位为获取收益或实现特定目标，将资金、设备、技术等投入其他单位或项目的行为所形成的资产。对外投资管理重点是确保投资的安全性和收益性。

5. 其他资产

其他资产指除上述资产以外的其他资产，包括长期待摊费用、其他长期资产等。这些资产的管理也需根据具体情况制订相应管理措施。

此外，根据净资产的经济内容，科研事业单位的净资产可分为固定基金、事业基金、专用基金、财政补助结存、拨入专款结存和未分配结余等。

(二) 按是否限定用途分类

1. 限定用途的净资产

限定用途的净资产指单位自有的由资财提供者提供或单位按规定形成的具有限制性用途的净资产。例如，受赠财产、专用基金等。管理重点是确保其按照限定的用途使用，不得挪作他用。

2. 非限定用途的净资产

非限定用途的净资产指单位自有的由资财提供者提供或单位按规定形成的无限制性用途的净资产。例如，科学事业费拨款结存、无限制性使用的捐赠结存等。管理重点是确保其使用的合理性和有效性。

(三) 按资产形态分类

1. 有形资产

有形资产指具有实物形态的资产，如房屋、设备、存货等。有形资产是科研事业单位开展科研活动的基础物质条件，管理重点是确保资产的完整性和安全性。

2. 无形资产

如前文所述，无形资产指不具有实物形态但具有经济价值的资产。对于无形资产的管理，科研事业单位须建立健全的知识产权保护制度，防止无形资产流失和侵权行为的发生。

(四) 按资产来源分类

1. 自有资产

自有资产指科研事业单位自行购置或建造的资产。自有资产是科研事业单位的重要资产来源之一，管理重点是确保资产的合理配置和有效使用。

2. 拨入资产

拨入资产指由政府部门或上级单位拨入给科研事业单位的资产。拨入资产的管理重点是确保其按照拨入的目的和要求使用，不得随意处置或挪用。

3. 社会捐赠资产

社会捐赠资产指社会各界捐赠给科研事业单位的资产。社会捐赠资产的管理重点是确保其使用的公益性和合规性，不得用于与捐赠目的不符的用途。

以上是对科研事业单位资产的概念和分类的详细介绍。在实际管理中，科研事业单位需根据自身特点和需求，制订合理的资产管理策略，确保资产的完整性和安全性，提高资产使用效率。

表1-1列示了某科研单位资产负债表的资产部分。

第一章 科研事业单位资产管理概述及理论基础

表1-1 资产负债表

编制单位： 年 月 日

资产	期末余额/元	年初余额/元
流动资产：		
货币资金	3 230 590.81	2 153 727.21
短期投资	0.00	0.00
财政应返还额度	0.00	0.00
应收票据	0.00	0.00
应收账款净额	488 355.75	325 570.50
预付账款	6 615.00	4 410.00
应收股利	0.00	0.00
应收利息	0.00	0.00
其他应收款净额	641 643.52	427 762.35
存货	0.00	0.00
待摊费用	0.00	0.00
一年内到期的非流动资产	0.00	0.00
其他流动资产	0.00	0.00
流动资产合计	4 367 205.09	2 911 470.06
非流动资产：		
长期股权投资	41 180.16	27 453.44
长期债券投资	0.00	0.00
固定资产原值	12 229 661.92	8 153 107.94
减：固定资产累计折旧	6 266 460.95	4 177 640.63
固定资产净值	5 963 200.97	3 975 467.31
工程物资	0.00	0.00
在建工程	2 339 901.70	1 559 934.47
无形资产原值	9 231.75	6 154.50
减：无形资产累计摊销	2 933.56	1 955.71
无形资产净值	6 298.19	4 198.79
研发支出	0.00	0.00
公共基础设施原值	0.00	0.00
减：公共基础设施累计折旧（摊销）	0.00	0.00
公共基础设施净值	0.00	0.00
政府储备物资	0.00	0.00
文物文化资产	0.00	0.00
保障性住房原值	0.00	0.00

（续表）

资产	期末余额/元	年初余额/元
减：保障性住房累计折旧	0.00	0.00
保障性住房净值	0.00	0.00
长期待摊费用	0.00	0.00
待处理财产损溢	0.00	0.00
其他非流动资产	0.00	0.00
非流动资产合计	8 350 581.02	5 567 054.01
受托代理资产	0.00	0.00
资产总计	12 717 786.11	8 478 524.07

单位负责人： 　　　财务负责人： 　　　复核人： 　　　制表人：

第三节　科研事业单位资产管理的重要性与原则

一、科研事业单位资产管理的重要性

科研事业单位作为国家科技创新体系的关键环节，其资产管理的重要性不言而喻。资产管理不仅影响单位本身的运营和发展，还与国家科技创新战略的实施息息相关。现对科研事业单位资产管理的重要性作如下详细阐述。

1. 确保财政资金合理有效使用，实现国有资产保值增值

科研事业单位的资金主要来源于国家财政拨款，这些资金是支持科研活动、推动科技进步的重要资源。加强资产管理，可以确保财政资金在科研项目上的合理有效使用，避免资金浪费和滥用。同时，科学的资产管理有助于实现国有资产的保值增值，为国家创造更多科技价值和经济效益。

2. 保障事业单位工作秩序正常进行

科研事业单位的正常运转离不开各类资产的支持，包括设备、仪器、试剂、耗材等。这些资产是单位开展科研活动的基础，也是保障工作顺利进行的重要因素。加强资产管理，可以确保资产的合理配置和有效利用，维护单位工作秩序，为科研人员创造良好工作环境。

3. 提高资产使用效率

在科研事业单位中，可能存在资产配置不合理、使用效率低下等问题。加强资产管理可以优化资产配置，实现资产共享和调剂使用，从而提高资产

使用效率。这不仅可以避免资源浪费，还可以降低单位运营成本，提高科研活动效益。同时，科学合理的资产管理有助于推动单位内部协同创新，促进科研成果转化和应用。

综上所述，科研事业单位资产管理的重要性主要体现在确保财政资金合理有效使用、保障事业单位工作秩序正常进行及提高资产使用效率等方面。为充分发挥资产管理在科研事业单位中的作用，须建立健全的资产管理制度和体系，加强资产管理的信息化和智能化建设，提高资产管理人员的素质和能力水平。同时，加强单位内部沟通和协作，形成全员参与、共同管理的良好氛围。

二、科研事业单位资产管理的十大原则

1. 系统性原则

系统性原则在科研事业单位资产管理中占据首要地位，它要求将资产管理视为一个整体、一个系统。资产管理不仅局限于特定环节或部门，而且应贯穿单位的经济活动和运营全过程。从资产的计划、购置、验收、使用、维护、更新到报废处置，每个环节都紧密相连，共同构成完整的资产管理链条。

在此原则指导下，科研事业单位应构建全面、协调、可持续的资产管理体系。该体系须涵盖资产管理的各个方面和层级，确保资产在全生命周期内得到科学、合理、高效的管理。同时，体系应具备自我完善和自我优化的能力，根据单位发展和外部环境变化进行动态调整和优化。

为实现系统性原则，科研事业单位须采取多项措施。首先，制订全面细致的资产管理规章制度，明确各环节管理要求和操作流程。其次，加强部门间沟通与协作，打破信息壁垒，实现资源共享和优势互补。最后，运用先进信息技术手段，建立资产管理信息系统，实现资产信息实时更新和动态监控。

总之，系统性原则是科研事业单位资产管理的基石。只有坚持此原则，才能确保资产管理的全面性、协调性和可持续性，为单位的科研活动和长期发展提供有力支撑。同时，这也有助于提高单位管理水平和综合竞争力，推动科研事业不断进步。

2. 有效性原则

有效性原则是科研事业单位资产管理的核心原则之一。它强调资产管理应确保资产的安全、完整和高效利用，以充分发挥资产在科研活动中的支撑

和促进作用。这一原则的实现直接关系单位科研工作的正常进行和整体运行效率，以及科研成果的质量。

在实践中，遵循有效性原则要求科研事业单位采取切实有效的措施。首先，建立健全资产保护和使用机制，通过制订严格的规章制度和操作流程，确保资产在使用过程中的安全性和完整性。其次，注重提高资产使用效率，合理配置和调度资产，避免资源闲置和浪费。此外，加强资产管理的监督和评估工作，建立科学的评估指标体系，定期对资产管理情况进行评价和考核，以发现问题并及时改进。

综上所述，有效性原则对科研事业单位资产管理具有重要意义。通过建立健全的资产保护和使用机制、提高资产使用效率及加强监督和评估工作，可以确保单位资产的安全、完整和高效利用，为科研活动的顺利开展提供有力保障。

3. 责任明确原则

责任明确原则是科研事业单位资产管理中不可或缺的一环。它要求资产管理过程中的每个环节都有明确的责任人，各级管理人员和使用人员都要对自己的职责和权限有清晰的认识。这一原则的核心在于确保资产管理的各项措施能够得到切实有效的执行，避免出现管理漏洞和推诿责任的情况。

在实际操作中，遵循责任明确原则要求科研事业单位建立健全的资产管理责任制度。首先，明确各级管理人员在资产管理中的职责和权限，包括资产的采购、验收、使用、维护、报废等各个环节的管理责任。其次，加强对资产管理人员的培训和教育，增强其责任意识和管理能力。最后，建立健全的考核和奖惩机制，对资产管理人员的工作绩效进行定期考核和评价，对表现优秀的人员给予奖励和表彰，对管理不善或造成资产损失的人员进行问责和处罚。

总之，责任明确原则是科研事业单位资产管理的重要保障。只有明确各级管理人员的职责和权限，建立健全的责任制度和考核奖惩机制，才能确保资产管理的各项措施得到有效执行，保障单位资产的安全、完整和高效利用。同时，也有助于形成全员参与、共同管理的良好氛围，推动科研事业单位的持续健康发展。

4. 依法合规原则

依法合规原则是科研事业单位资产管理的基石，强调在资产管理过程中必须严格遵守国家法律法规和相关政策规定，保障资产管理的合法性和合规性。这一原则对于维护单位资产安全、防范法律风险、保障单位正常运营具有至关重要的意义。为实现依法合规原则，科研事业单位须建立健全的资产管理制度体系，确保各环节管理工作有章可循、有据可查。同时，加强对资产管理人员的法律法规培训，增强其法律意识和合规意识，确保他们在管理工作中能够严格遵守法律法规和政策规定。此外，加强内部控制和审计监督，规范资产管理流程，防范内部风险，确保资产管理工作在法治轨道上运行。总之，坚持依法合规原则，才能确保资产管理的合法性和规范性，保障单位资产的安全和完整，为科研事业的长远发展奠定坚实基础。

5. 科学配置原则

科学配置原则在科研事业单位资产管理中占据重要地位，强调根据单位实际需要和发展规划，科学合理地配置资产，以优化资产结构，提高资产使用效益。为实现科学配置原则，科研事业单位在进行资产配置时，须充分考虑单位发展目标、科研项目需求、现有资产状况及未来发展趋势等因素，制订科学合理的资产配置计划，确保资产能够满足单位各项工作的需要。同时，注重资产的更新和升级，及时淘汰落后、老化的资产，引进先进、高效的设备和技术，保持资产的先进性和适用性。此外，加强资产管理人员的培训和教育，提高其专业素质和管理能力，为单位的资产配置工作提供有力支持。总之，科学配置原则有助于优化单位资产结构，提高资产使用效益，为科研活动的顺利进行和单位的持续发展提供有力保障。

6. 持续优化原则

持续优化原则是科研事业单位资产管理中需要长期坚持的指导原则，强调在资产管理过程中不断寻求改进和优化的机会，以适应外部环境变化和内部需求发展。为实现持续优化原则，科研事业单位应建立资产管理的反馈机制和持续改进机制，定期对资产管理工作进行评估和审计，及时发现存在的问题和不足，制订改进措施并调整优化资产管理策略。同时，积极采用新技术、新方法，将先进技术应用于资产管理中，提高资产管理的智能化、精细化水平，提升管理效率和效果。此外，注重资产管理人员的培养和发展，为他们提供持续的学习和培训机会，打造一支高素质、专业化的资产管理团队，为单位的资产管理持续优化提供有力的人才保障。总之，持续优化原则有助于推动科研事业单位资产管理工作不断迈上新台阶，为单位的科研和发展提供更加强有力的支撑。

7. 风险防控原则

风险防控原则作为科研事业单位资产管理的核心准则之一，始终贯穿于整个资产管理流程。它要求单位在资产管理过程中，对各类潜在风险保持高度警觉,并采取有效防范措施,确保资产安全,力求降低或避免风险事件带来的损失。这一原则对于维护单位资产安全、保障单位稳定运营具有至关重要的作用。

在实践操作中,风险防控原则指导科研事业单位构建完善的风险管理体系。这涵盖了风险识别、风险评估、风险应对和风险监控等多个环节。单位须定期对资产管理过程中可能出现的风险进行全面排查和识别,评估其发生的可能性和潜在影响,进而制订针对性的风险应对策略和措施。

同时,风险防控原则还强调科研事业单位应强化内部控制和审计监督。通过建立健全的内部控制机制,规范资产管理流程,降低内部操作风险。并加强审计监督工作,定期对资产管理情况开展审计检查,及时揭示并纠正存在的问题,以防范潜在风险的发生。

此外,风险防控原则要求科研事业单位重视提升员工的风险意识和风险防范能力。通过系统的培训和教育活动,使员工深刻理解风险防控的重要性,掌握基本的风险防范知识和技能,形成全员参与、共同防范的良好氛围。

综上所述,风险防控原则是保障科研事业单位资产安全的重要基石。唯有坚持风险防控原则,建立健全风险管理体系,加强内部控制和审计监督,并不断提升员工的风险意识和防范能力,才能确保单位资产的安全与完整,为科研事业的稳定发展提供坚实保障。

8. 信息化支持原则

信息化支持原则在科研事业单位资产管理中占据核心地位。随着信息技术的飞速发展,信息化已成为提升资产管理效率和水平的关键手段。该原则强调单位应充分利用信息技术,构建高效、透明的资产管理信息系统,为资产管理的决策、执行和监督提供有力支撑。

为实现这一原则,科研事业单位必须首先建立起完善的资产管理信息系统。这一系统应具备数据采集、存储、处理、分析和报告等核心功能,确保资产信息的实时更新和动态管理。通过该系统,管理人员能够全面掌握资产的分布、使用状态、变动情况等关键信息,为决策提供坚实的数据基础。

同时,该原则还强调单位应高度重视信息系统的安全性和可靠性。必须采取先进的技术手段和管理措施,确保系统数据的机密性、完整性和可用性。此外,还应加强信息系统的日常维护和更新工作,保障系统的稳定运行和功能的不断完善。

此外,信息化支持原则鼓励科研事业单位积极探索利用信息技术推动资产管理的创新。例如，通过运用大数据、云计算、物联网等先进技术，实现资产的智能化管理和优化。这将有助于提升资产管理的智能化水平和决策支持能力，为单位的发展注入新的动力。

综上所述，信息化支持原则是科研事业单位资产管理中不可或缺的重要原则。通过构建高效、透明的资产管理信息系统，注重系统的安全性和可靠性，以及利用信息技术推动资产管理的创新，将显著提升单位的资产管理效率和水平，为科研事业的蓬勃发展提供坚实的信息保障。

9. 绩效导向原则

绩效导向原则是科研事业单位资产管理中推动持续改进和提高效益的核心原则。该原则要求单位在资产管理中始终以提升整体绩效为目标，确保资产管理活动与单位的发展目标紧密相连。为实现这一目标，单位必须注重资产管理的效果和效益，通过优化资产配置、提高资产使用效率、降低运营成本等措施，为单位的绩效贡献力量。

在实践过程中，绩效导向原则要求科研事业单位建立科学、全面的资产管理绩效评价体系。这一体系应涵盖资产管理的各个环节和方面，包括资产配置效率、使用效益、处置收益等关键指标。通过定期对这些指标进行评价和分析，单位能够准确了解资产管理工作的实际成效，及时发现并解决问题，从而不断优化资产管理流程和提高管理水平。

同时，该原则还强调单位应建立健全的激励机制。通过设立与资产管理绩效相挂钩的考核和奖惩机制，激发管理人员的工作热情和责任感。对于在资产管理工作中取得显著成绩的个人和部门给予表彰和奖励；对于管理不善或造成资产损失的个人和部门则进行问责和处罚。这种激励机制有助于推动资产管理人员更加积极地投入工作，提升整体绩效水平。

此外，绩效导向原则还鼓励科研事业单位加强与外部的交流与合作。通过与其他单位或机构的合作与交流，单位可以借鉴先进的资产管理经验和方法，引入外部资源和智力支持，共同提升资产管理的水平和效益。同时，积极参与行业内的交流和研讨活动也有助于了解最新的资产管理动态和趋势，保持与时俱进的管理理念和方法。

综上所述，绩效导向原则是科研事业单位资产管理中的重要指导原则。通过建立科学的绩效评价体系、注重激励机制的建设以及加强与外部的交流和合作等措施，将推动单位资产管理工作不断改进和提高，为单位的科研和发展目标作出更大的贡献。

10. 法规遵从原则

在科研事业单位的资产管理工作中，法规遵从原则占据至关重要的地位。该原则强调，单位在进行资产管理活动时，必须严格遵循国家法律法规、政策规定及行业规范，保障资产管理行为的合法性和合规性。这对于维护单位的法律权益，降低法律风险，具有不容忽视的价值。

具体而言，实施法规遵从原则要求科研事业单位构建完善的资产管理法律法规体系。单位须全面收集并整理与资产管理相关的国家法律法规、政策文件、行业标准等，确保资产管理行为有法可依、有章可循。同时，单位还须加强对资产管理人员的法律法规培训，以提升其法律素养和合规意识，保障他们在执行工作过程中始终恪守法律法规。

此外，法规遵从原则还强调科研事业单位在资产管理过程中应加强与政府监管部门的沟通与协作。单位须定期向相关监管部门报告资产管理状况，接受其检查和指导，确保资产管理工作的规范性和合法性。同时，单位也应积极参与行业自律组织的活动，加强与同行业的交流与合作，共同推动行业资产管理水平的提升。

综上所述，法规遵从原则是科研事业单位资产管理的基石。唯有严格遵守国家法律法规、政策规定及行业规范，方能确保资产管理工作的合法性和合规性，维护单位法律权益，降低法律风险。因此，科研事业单位在资产管理工作中必须始终坚守法规遵从原则，为单位的稳健发展和科研事业的顺利推进提供坚实的法律保障。

第二章 科研事业单位资产管理现状分析

在这个风起云涌的科研竞技场上,资产就像是科研勇士们的战马和利剑,是他们驰骋疆场、探索未知的得力助手。然而,随着科研队伍的日益壮大和"武器库"的日益丰富,如何妥善管理这些宝贵的资产,让它们发挥出最大的战斗力,已成为摆在科研事业单位面前的一大难题。

为了揭开科研事业单位资产管理的神秘面纱,发现潜藏的问题,并探寻解决问题的灵丹妙药,本章将带领大家深入剖析资产管理的体制与机制、法规与政策,以及国内外的管理实践。希望这样的剖析能为资产管理的改革与创新注入活力,引领我们走出迷雾,迈向资产管理的新篇章,为科研事业插上腾飞的翅膀!

第一节 科研事业单位资产管理体制与机制现状分析

科研事业单位作为推动国家科技进步、服务社会经济发展的重要力量,其资产管理体制与机制的完善与否,直接关系科研活动的顺利进行和国有资产的安全与效益。然而,在实际运作过程中,受多种因素的综合影响,科研事业单位的资产管理体制与机制呈现出一定的复杂性和多样性特点。

一、科研事业单位资产管理体制与机制综述

科研事业单位的资产管理体制与机制,涵盖组织结构、管理制度、运作方式以及相关政策法规等多个层面。这些元素共同构建了科研事业单位资产管理的核心架构和运行环境。

在组织结构方面,科研事业单位一般会设立专门的资产管理部门或机

构，专责处理资产的采购、配置、使用及处置等管理工作。这些部门或机构在单位内部架构中占据关键位置，与其他部门协同合作，共同维护单位资产的安全与完整。

在管理制度方面，科研事业单位依据国家相关政策和法规，结合单位实际情况和需求，制订了一系列资产管理制度和流程。这些制度和流程涉及资产采购、验收、使用、维护、处置等各个环节，为资产管理提供了明确的标准和依据。

在运行模式上，科研事业单位的资产管理可以区分为集中管理和分级管理。集中管理模式下，单位内部所有资产由统一的资产管理机构或部门进行统一管理；而在分级管理模式下，单位会根据资产的性质和用途等因素，将资产划分为不同层级，并由相应层级的管理机构或部门分别管理。这两种模式各有其优缺点，须根据单位实际情况进行抉择。

此外，科研事业单位的资产管理还受到国家相关政策和法规的引导和规范。这些政策和法规不仅为科研事业单位的资产管理提供了法律保障和政策支持，同时对资产管理提出了更高的要求和挑战。

科研事业单位在资产管理体制与机制方面存在若干问题。首先，管理职责划分不清晰，内部组织结构复杂多样，导致资产管理职责和管理权限存在不明确之处，进而影响资产管理效率与效果，易引发资产流失和浪费现象。其次，管理流程烦琐，涉及多个审批和审核环节，增加了管理成本和时间成本，降低了管理效率和服务质量。再者，管理制度不健全，已建立的资产管理制度和流程存在不完善、不细致之处，缺乏针对关键环节的有效指导和依据。此外，管理人员的专业素质和管理能力有待提高，一些人员的素质和能力不符合资产管理工作的要求，制约了资产管理质量和效果，影响了单位的发展和创新。最后，缺乏有效的监督机制和问责机制，一些单位虽设立了监督机构或部门，但存在监督不力、问责不严等问题，易导致资产管理中出现违规行为和腐败现象，损害单位形象和声誉。

二、关于完善科研事业单位资产管理体制与机制的建议

为进一步提升科研事业单位资产管理水平，确保科研活动的顺利进行和国有资产的安全，提出以下建议。

1. 强化顶层设计与统筹规划

科研事业单位应站在全局高度，制订统一的资产管理标准和规范，明确各级管理职责和权限。同时，加强内部部门间的沟通与协作，形成合力，共

同推动资产管理工作的优化与提升。

2. 优化管理流程与制度

对现有资产管理流程和制度进行全面梳理和评估，针对存在的问题和不足，制订优化措施。简化审批流程，提高工作效率，降低管理成本和时间成本，为科研活动提供有力支撑。

3. 加强人员培训与教育

加大对资产管理人员的培训和教育力度，提升他们的专业素质和管理能力。定期组织培训活动，邀请专家授课，鼓励参与学习交流，不断提高他们的综合素质和业务水平。

4. 强化监督与问责机制

建立健全监督机制和问责机制，加强对资产管理工作的监督和检查。设立专门监督机构或部门，明确监督职责和权限，制订严格的问责制度和程序，确保资产管理的规范性和有效性。对违规行为和腐败现象严肃处理，绝不姑息。

5. 推进信息化与智能化管理

利用信息技术手段提高管理效率和服务质量，降低管理成本和时间成本，增强管理决策的科学性和准确性。同时，加强信息安全保障工作，确保信息系统的安全稳定运行。

科研事业单位的资产管理体制与机制对于保障科研活动、提高资产使用效率和维护国有资产安全具有重要意义。随着科技的不断进步和创新发展及国家对科技创新投入力度的加大，科研事业单位的资产管理将面临更多机遇和挑战。因此，科研事业单位须不断加强自身建设，提高管理水平和服务质量，为推动国家科技创新体系的发展作出更大贡献。

第二节 科研事业单位资产管理法规与政策现状

科研事业单位，作为国家科技创新体系的核心构成，其资产管理对于确保科研活动的顺畅进行、提升资产使用效率及捍卫国有资产安全均至关重要。为规范化并加强其资产管理，我国已构建一套相对完善的资产管理法规与政策体系。然而，在现实操作中，这些法规与政策的实际执行情况究竟如何？存在哪些待解决的问题与挑战？未来我们又该如何对其进行完善与发展？这些问题均值得我们深入思考与探讨。

一、现行的法规与政策框架

在我国,针对科研事业单位的资产管理,相关法规与政策详细规定了以下几个核心方面。

首先,资产的定义与分类得到了明确。这些规定详细划定了科研事业单位所持有的资产范围,包括固定资产、流动资产及无形资产等。同时,对于各类资产,政策还进行了细致的分类,如固定资产可被细分为房屋及建筑物、专用设备、通用设备等,以便进行精确管理。这种分类有助于科研事业单位清晰掌握自身的资产状况,为资源的合理配置和优化提供了坚实的基础。

其次,资产的形成与配置得到了规范。相关法规与政策对科研事业单位的资产购置、验收、入账等流程进行了明确规定,确保了资产形成的合法性和合规性。在购置过程中,科研事业单位须遵循公开、公平、公正的原则,通过招标、询价等方式选择优质的供应商。验收环节则须建立严格的验收制度,确保所购资产的质量符合要求。入账环节则须建立规范的账务管理制度,以保障资产信息的准确性和完整性。此外,根据科研活动的实际需求,相关法规与政策还指导科研事业单位合理配置各类资产,优化资源配置,提高资产的使用效率。

再次,资产的使用与维护得到了重视。为了保障资产的安全和完整,相关法规与政策要求科研事业单位建立资产使用登记制度,明确资产使用人的责任和义务。在使用过程中,科研事业单位还须加强资产的日常维护与保养,以延长资产的使用寿命。特别是针对大型、贵重、精密的仪器设备等关键资产,政策还要求建立专门的管理制度和使用规范,以确保这些资产能够得到充分利用和有效保护。

最后,在资产的处置与收益方面,相关法规与政策也进行了详细规范。科研事业单位须遵循公开、透明、合法的原则进行资产的处置,包括报废、出售、捐赠等。在处置过程中,须确保处置行为的合规性和合理性。同时,对于资产处置所产生的收益,相关法规与政策也明确了其归属和使用方式,以防止国有资产的流失。

二、存在的问题与挑战

尽管我们已经构建了一套相对完备的资产管理法规与政策体系,但在实际操作层面,科研事业单位仍面临诸多问题和挑战。

首先，法规与政策的执行难度不容忽视。由于科研事业单位的独特性和复杂性，部分现行法规和政策可能无法完全契合其实际运作情况。例如，科研事业单位在资产管理过程中可能遭遇特定的技术难题或管理需求，而现有法规和政策可能无法提供针对性的指导。此外，部分法规和政策条款过于抽象，缺乏具体的执行细则，导致在实际执行过程中遭遇困难。因此，有必要进一步优化相关法规和政策，增强其针对性和可操作性。

其次，法规与政策之间的衔接问题也需关注。不同的法规和政策之间可能存在重叠或矛盾之处，这给科研事业单位在资产管理过程中带来了困扰。在某些情况下，不同的法规和政策可能对同一类资产的管理要求存在分歧，使科研事业单位难以抉择。同时，部分法规和政策未能及时更新或修订，无法与当前的管理需求保持同步。为此，必须加强法规与政策之间的协调与整合，确保各项制度能够形成合力，共同推动资产管理工作的顺利开展。

最后，监督与问责机制的不足也是不容忽视的问题。尽管法规和政策对资产管理责任进行了明确划分，但在实际操作中，由于缺乏有效的监督与问责机制，部分违规行为可能无法得到及时纠正和处理。这可能导致资产流失、浪费或滥用等问题的出现。因此，亟须建立健全的监督与问责机制，加强对资产管理工作的监督检查和违规行为的处理力度，确保资产管理工作的高效、规范运行。

三、未来发展方向

为了推动科研事业单位资产管理法规与政策体系的进一步完善，可以从以下几个方面着手。

首先，要加强顶层设计和统筹规划，制定全面、系统的资产管理法规与政策，明确各级管理职责和权限。在此过程中，必须充分考虑科研事业单位的实际情况和需求，以确保相关法规和政策具有针对性和可操作性。同时，加强单位内部各部门之间的沟通与协作，形成合力，共同推进资产管理工作的优化与提升。

其次，对现有的管理流程和制度进行全面梳理和评估，发现存在的问题和不足之处，并对其进行优化和改进。通过简化审批程序、提高工作效率、降低管理成本和时间成本，以及加强制度之间的衔接与协调，确保各项制度能够形成合力，为资产管理工作的顺利开展提供有力保障。

此外，要强化监督机制和问责机制，建立健全的内部审计监督机制和外部监管机制，加强对资产管理工作的监督检查。对于发现的违规行为，必须依法依规进行严肃处理,并追究相关责任人的责任。同时,加强信息公开和透明度建设,接受社会监督和舆论监督,以确保资产管理工作的规范性和有效性。

最后,要推进信息化管理和技术创新,利用现代信息技术手段提高资产管理效率和准确性。建立完善的资产管理信息系统,实现资产信息的实时更新和共享。积极探索新的管理模式和方法,如采用物联网技术对资产进行智能化管理、利用大数据分析技术对资产管理进行优化等,以推动资产管理工作的创新发展。

总体而言,我国科研事业单位的资产管理法规与政策体系已初步建立并不断完善。然而,在实际操作中仍面临一些问题和挑战。随着科技的不断进步和创新发展以及国家对科技创新投入力度的加大,科研事业单位的资产管理将面临更多机遇和挑战。因此,须继续加强相关法规与政策的制定和完善工作,提高其针对性和可操作性;同时加强监督与问责机制建设、推进信息化管理和技术创新等方面的工作,以推动科研事业单位资产管理工作的持续优化与发展。

第三节 科研事业单位资产管理实践与问题

一、科研事业单位资产管理实践

(一)资产管理体系构建

科研事业单位在资产管理领域已构筑起一套相对完备的管理架构。此架构涵盖资产管理部门、使用部门、财务部门等多元化部门,保障资产从采购、利用至处置全周期管理得以有效执行。此外,部分单位也引入信息化管理工具,构建资产管理信息系统,实现资产信息即时更新与共享。

(二)资产配置与运用之道

在资产配置层面,科研事业单位依据科研活动需求与单位发展蓝图,制订资产配置规划。通过招标、询价等机制,确保资产购置过程公开、公平、公正。在资产使用环节,各单位确立资产使用登记机制,对资产使用状况进行实时追踪与监控。同时,加强对资产日常维护与保养,保障资产安全与完整。

(三)资产处置与收益管理策略

在资产处置方面,科研事业单位遵循公开、透明、合法原则,规范报废、出售、捐赠等处置行为。通过评估、拍卖等机制确定处置价格,确保处置收益归属与使用符合相关规定。同时,加强对处置收益的财务管理,防范国有资产流失。

二、科研事业单位资产管理存在的主要问题

(一)资产配置不合理

在科研事业单位的资产管理实践中,资产配置的不合理性是一个显著且普遍存在的问题。这主要体现在以下几个方面。

1. 资产配置问题的表现

首先,购置过程缺乏合理规划。一些单位在进行资产购置时,往往没有进行深入的市场调研和需求分析,导致购置行为具有一定的盲目性。其次,协调机制缺失。单位内部或单位间缺乏必要的沟通协调机制,可能导致相同或类似资产的重复购置,进而造成资源的浪费。最后,共享与调剂机制不足。在资产使用过程中,由于缺乏有效的共享平台和调剂机制,部分资产可能长期闲置,而其他需要这些资产的部门或单位却无法及时获取,导致资源分配的不合理和浪费。

2. 资产配置问题的影响

资产配置的不合理会对资产使用效率、运营成本、财务风险以及科研合作与资源共享产生负面影响。首先,它会降低资产的使用效率,导致部分资产闲置或过度使用。其次,不合理的资产配置会增加单位的运营成本和财务风险,如重复购置和闲置浪费会占用大量资金和资源。最后,它也不利于科研事业单位之间的合作与资源共享,可能影响整体科研效率的提升和科技创新的发展。

(二)资产使用效率不高

在科研事业单位的资产管理中,资产使用效率偏低是一个普遍存在的问题。这种现象主要体现在以下两个方面。

首先,管理和维护措施的缺失是导致资产使用效率不高的重要原因。一些单位由于管理制度的不完善、管理人员素质的不足或维护经费的短缺,使资产在使用过程中无法得到及时有效的管理和维护。这可能导致资产的损坏、性能下降或过早报废,进而缩短其使用寿命,降低使用效率。例如,某些科研设备因长时间缺乏必要的维护和保养,其性能和精度可能会逐渐降

低，甚至出现故障。这不仅影响了科研活动的正常进行，还增加了维修和更换部件的成本，进一步降低了资产的使用效率。

其次，科研事业单位在资产使用过程中往往缺乏科学的评估机制和激励机制。由于缺乏科学的评估方法和标准，单位难以准确评估资产的使用效果和效益，从而无法对资产的使用情况进行有效的监控和管理。同时，由于缺乏合理的激励机制，员工可能无法充分调动其积极性和创造性，对资产的使用不够珍惜和爱护，进一步降低资产的使用效率。例如，一些单位在分配和使用科研设备时可能存在"平均主义"现象，即不论员工的实际需求和使用情况如何，都实行平均分配。这种做法既无法体现设备的实际价值和使用效益，又可能导致部分员工对设备的使用不够珍惜和爱护，造成资源的浪费和损失。

资产使用效率不高会产生一系列不良影响。首先，它会导致资源的浪费和损失。一些资产因得不到及时有效的管理和维护而损坏或报废，造成资源的浪费。同时，部分员工因缺乏激励和约束机制而对资产的使用不够珍惜和爱护，进一步加剧了资源的浪费和损失。其次，它会影响科研活动的正常开展。一些科研设备因性能下降或故障而无法正常工作，导致科研活动受阻，影响了科研进度和成果产出。最后，它还会增加单位的运营成本和财务风险。为了维护和更换损坏的资产，单位可能需要投入更多的资金和人力，从而增加了运营成本。同时，因资产使用效率不高导致的资源浪费和损失可能使单位面临财务风险和信誉风险。

为了解决这些问题，提出以下策略与建议：首先，完善管理制度。科研事业单位应建立健全的资产管理制度体系，包括明确的管理流程、责任划分和监督机制等。通过完善制度建设，可以减少管理漏洞和失误，提高资产使用效率。其次，提高管理人员素质。单位应加强对管理人员的培训和教育，提高其专业知识和管理技能水平。同时，建立激励机制和约束机制，增强管理人员的责任心和敬业精神。再次，增加维护经费投入。单位应合理规划和分配经费资源，确保用于资产维护和保养的经费充足。通过增加维护经费投入，可以延长资产的使用寿命和提高使用效率。最后，建立科学的评估机制和激励机制。单位应制订科学的评估方法和标准，对资产的使用情况和效益进行准确衡量和评价。通过科学的评估机制，可以及时发现和解决资产使用过程中的问题和不足；通过合理的激励机制和约束机制，可以调动员工的积极性和创造性，推动其对资产的合理使用和爱护。

(三) 资产流失

资产流失是科研事业单位资产管理中亟待解决的问题，其严重性不容忽视。这主要体现在以下几个方面。

首先，监管机制存在疏漏。部分单位在资产管理的各个环节，如采购、验收、使用、保管和处置等，缺乏必要的监督和控制措施。这为不法分子提供了可乘之机，可能导致单位资产被侵占、挪用或非法处置。

其次，资产管理制度尚待完善。有些单位在资产管理的具体操作上，如登记、盘点、报废等制度执行不严格或存在缺陷。这使一些资产在不知不觉中流失或被非法侵占。同时，缺乏完善的内部控制和风险管理机制也使单位无法及时发现和应对资产流失的风险。

此外，资产流失对科研事业单位影响深远。它不仅会给单位带来经济损失和财务风险，还可能影响单位的正常运转和发展。同时，也会损害单位的声誉和形象，降低员工对单位的信任度和归属感。因此，加强资产管理、防范资产流失是科研事业单位面临的重要任务之一。

为了有效防范资产流失，科研事业单位应从以下几个方面着手。

(1) 建立健全资产管理制度：单位应制订详细的资产管理规定，涵盖资产的各个环节，确保资产的安全和完整。同时，要明确资产管理责任，确保责任落实到具体部门和人员。

(2) 加强资产监管：单位应定期对资产进行清查和盘点，确保资产数量与账目相符。对于重要资产和关键设备，应实行专人管理，并建立使用登记制度，以掌握资产的使用情况和动态。

(3) 强化内部审计监督：单位应设立独立的审计部门，对资产管理情况进行定期或不定期的审计和检查。对于发现的问题，应及时进行整改和问责，确保资产管理的有效性。

(4) 提高管理人员素质：单位应加强对资产管理人员的培训和教育，提高他们的业务水平和责任意识。同时，要建立激励机制，鼓励管理人员积极参与资产管理工作。

(5) 推进信息化管理：单位应利用现代信息技术手段，建立资产管理信息系统，实现资产信息的实时更新和共享。通过信息化管理，可以提高资产管理的效率和准确性，降低人为错误和资产流失的风险。

(6) 建立风险防范机制：针对可能出现的风险因素，单位应制订相应的防范措施。例如，加强预警和监控、建立应急预案和备份机制等，以应对各种可能的风险。

综上所述，防范科研事业单位资产流失需要从多个方面入手，包括完善制度、加强监管、强化审计监督、提高人员素质、推进信息化管理和建立风险防范机制等。只有全面加强资产管理，才能确保科研事业单位资产的安全和完整。

三、国内外科研事业单位资产管理经验借鉴

科研事业单位资产管理在国内外实践中积累了丰富的经验和做法，值得我们深入学习和借鉴。具体而言，部分单位通过建立系统、全面的资产管理制度和流程，推动了资产管理的规范化和制度化；部分单位则通过运用先进的资产管理技术和手段，显著提升了资产管理的效率和精确性；还有部分单位通过建立科学的评估机制和激励机制，有效激发了员工的积极性和创造性，进而提高了资产的使用效率。

同时，我们也应关注并学习国外科研事业单位在资产管理方面的成功经验和做法。例如，一些国家通过建立健全的法律法规和政策体系，为资产管理提供了坚实的法律保障；一些国家则通过运用市场化手段和管理模式，实现了资产的有效配置和利用；还有部分国家通过建立严格的监管机制和惩罚机制，有效防止了资产的流失和浪费。

综上所述，科研事业单位在资产管理方面须持续优化体制与机制、加强法规与政策建设、改进实践与方法，并积极借鉴国内外的成功经验与做法，以实现资产管理的科学化、规范化和高效化。

国外科研事业单位在资产管理方面积累了丰富的经验，以下是一些值得借鉴的方面。

1. 健全的资产管理法制体系

众多发达国家均构建了完备的资产管理法制框架，确保科研事业单位资产管理工作在明确的法律框架内进行。如美国、德国等，制定了详尽的资产管理法律法规，明晰了资产管理的目的、指导原则、实施方法及操作流程，为资产管理提供了法治保障。此外，这些法规还建立了严密的监管和惩处机制，以预防资产流失与滥用。

2. 专业高效的资产管理组织与人员

国外的科研事业单位设有专业化的资产管理组织，配备具有专业知识和技能的人员，全面负责资产从购置至处置的全流程管理。这些人员和机构通过持续的教育与培训，不断精进专业技能与管理能力，以确保资产管理的精确与高效。

3. 先进的资产管理技术工具

国外科研事业单位在资产管理中广泛运用先进技术和工具，如信息化管理系统和物联网技术等，实现对资产的实时监控与精准管理。这些技术工具不仅提升了资产管理的效率，减少了人为错误，还能提供丰富的数据分析与报告功能，为管理人员提供决策支持。

4. 资产共享与调剂的重视

国外科研事业单位注重资产的共享与调剂，通过建立共享平台和调剂机制，促进闲置资产的有效利用，减少重复购置，提升资产使用效率。同时，积极寻求与其他单位或机构的合作，实现资源的互补与共享，进一步提升资产使用效益。

5. 资产管理绩效评估的强化

国外科研事业单位高度重视资产管理的绩效评估工作，通过建立科学、客观的评估指标体系和机制，全面评价资产管理工作的成效。这有助于单位识别资产管理中的优势与不足，及时采取改进措施。同时，绩效评估结果也作为奖惩依据，激励管理人员更加积极地履行职责。

综上所述，国外科研事业单位在资产管理方面积累了丰富的经验，这些经验为我国科研事业单位提供了宝贵的借鉴。结合实际情况和需求，借鉴其成功经验，不断完善和提升我国科研事业单位的资产管理体系和水平，是推动科研事业单位高质量发展的必由之路。

以下是一些具体的国外科研事业单位资产管理案例，这些案例展示了不同的管理策略和实践。

案例一：美国国立卫生研究院（NIH）的资产管理

美国国立卫生研究院（National Institutes of Health，NIH）是美国联邦政府的主要生物医学研究机构，也是全球最具影响力的医学研究机构之一。由于其庞大的研究规模和高端的科研设备需求，NIH的资产管理显得尤为重要。

1. 资产配置与预算管理

NIH在资产配置方面采取严格的预算管理制度。每个研究所或实验室在申请购置新设备或资产时，必须提交详细的预算报告和购置计划，经过严格的审批程序后才能获得资金。这种预算管理制度确保了资产的合理配置和有效利用，避免了盲目购置和重复购置的问题。

2. 资产共享与调剂机制

NIH 鼓励各研究所和实验室之间共享资产和资源。例如，一些昂贵的科研设备可能在某个研究所的使用率并不高，但在其他研究所可能有更高的需求。通过共享和调剂机制，这些设备可以在不同研究所之间流转，从而提高资产的使用效率。

3. 资产维护与保养

NIH 非常重视资产的日常维护和保养工作。每个研究所都有专门的设备管理团队，负责设备的定期检查、维护和保养。这种做法可以延长资产的使用寿命，减少因设备故障而导致的科研中断。

4. 资产处置与收益管理

当资产达到报废标准或不再适应科研需求时，NIH 会按照严格的程序进行处置。处置过程中会充分考虑环保和安全问题，并确保处置收益的合规性。同时，NIH 也会积极探索废旧资产的再利用途径，以实现资源的最大化利用。

5. 信息化管理与技术创新

为了提高资产管理效率，NIH 采用了先进的信息化管理系统。通过该系统，可以实时掌握各项资产的数量、状态和使用情况，为决策提供有力支持。同时，NIH 也积极探索新的资产管理技术和方法，如物联网技术、大数据分析等，以推动资产管理工作的创新发展。

6. 监督与问责机制

为了确保资产管理的规范性和有效性，NIH 建立了完善的监督与问责机制。内部审计部门会定期对资产管理情况进行审计和检查，发现问题及时整改并追究相关责任人的责任。同时，外部监管机构也会对 NIH 的资产管理情况进行监督和评估，确保其符合法规和政策要求。

综上所述，美国国立卫生研究院（NIH）在资产管理方面采取了一系列科学、规范、有效的措施和方法，确保了资产的合理配置、有效利用和安全保障。这些做法对于其他科研事业单位来说具有重要的借鉴意义。

案例二：德国马普学会（Max Planck Society）的资产管理

1. 资产采购与预算管理

严格的预算控制：马普学会在每年的预算规划中都会为资产管理分配专门的资金。这些资金的使用必须严格遵守预算计划，确保每笔支出都合理且有效。

需求评估与审批：在购置新资产之前，研究人员需要提交详细的需求评估报告，说明购置该资产的必要性、预期用途及预期效益。这些报告会经过严格的审批流程，确保只有真正需要的资产才会被购置。

2. 资产维护与保养

定期维护：马普学会为所有重要资产制订了定期维护计划，以确保它们的性能和寿命。这些计划由专业的维护团队负责执行，他们会定期检查、清洁、调试和更换必要的部件。

故障响应机制：对于突发的设备故障或问题，马普学会设有快速响应机制。一旦收到故障报告，维护团队会迅速赶到现场进行诊断和修复，以最小化减小对研究工作的影响。

3. 资产处置与回收

规范的处置流程：当资产达到报废标准或不再需要时，马普学会遵循规范的处置流程进行处理。这可能包括出售、捐赠、回收或安全处理等方式。所有处置活动都必须符合环保和法规要求。

资产回收与再利用：为了最大化资源的利用价值，马普学会尽量回收和再利用废旧资产中的有价值的部分。例如，某些设备可能经过维修或升级后仍然可以使用，或者某些部件可以被拆卸下来用于其他设备。

4. 资产管理信息化

全面的资产数据库：马普学会建立了全面的资产数据库，其中详细记录了所有资产的信息，包括类型、规格、购置日期、使用状态、维护记录等。这个数据库为管理人员提供了便捷的信息查询和统计功能。

动态监控与更新：数据库的信息是实时更新的，以确保与实际情况保持一致。此外，通过与其他管理系统的集成（如财务管理系统、项目管理系统等），马普学会能够实现资产信息的动态监控和共享。

5. 人员培训与教育

专业培训课程：为了提高管理人员和研究人员的资产管理能力，马普学会定期举办专业的培训课程。这些课程涵盖了资产管理的各个方面，如政策法规、管理流程、技术应用等。

意识提升活动：除了专业培训外，马普学会还通过举办讲座、研讨会、宣传活动等方式提升全体员工的资产管理意识。这些活动旨在让员工认识到资产管理的重要性，并鼓励他们积极参与和支持资产管理工作。

案例三：英国剑桥大学的资产管理

英国剑桥大学作为世界顶尖的教育和科研机构之一，其资产管理实践对于确保教学、科研活动的顺利进行至关重要。

1. 全面的资产管理策略

剑桥大学制订了全面的资产管理策略，该策略不仅涵盖了传统的有形资产，如建筑、设备和图书，还包括无形资产，如知识产权和研究成果。通过综合考虑各类资产的特点和价值，剑桥大学能够更有效地进行资源配置和利用。

2. 精细化的预算管理

在资产配置方面，剑桥大学实施精细化的预算管理制度。每个学院或研究机构在申请购置新资产时，都需要提交详细的预算报告和购置计划，经过严格的审批程序后才能获得资金。这种制度确保了资金的合理分配和资产的有效利用。

3. 高效的资产共享平台

剑桥大学建立了高效的资产共享平台，鼓励各学院和研究机构之间共享设备和资源。通过该平台，闲置的资产可以在不同部门之间流转，从而提高资产的使用效率。此外，剑桥大学还与其他高校和研究机构合作，共同利用一些昂贵的科研设备，进一步降低了成本。

4. 专业的资产管理团队

剑桥大学拥有一支专业的资产管理团队，负责资产的日常维护、保养和管理工作。这些团队成员具备丰富的专业知识和实践经验，能够确保资产的正常运行和延长固定资产的使用寿命。同时，他们还定期接受培训和学习，以跟上最新的资产管理理念和技术。

5. 严格的资产处置程序

当资产达到报废标准或不再适应教学科研需求时，剑桥大学会按照严格的程序进行处置。处置过程中会充分考虑环保和安全问题，并确保处置收益的合规性。同时，剑桥大学还积极探索废旧资产的再利用途径，以实现资源的最大化利用。

6. 先进的信息化管理系统

为了提高资产管理效率，剑桥大学采用了先进的信息化管理系统。该系统能够实时跟踪和监控各项资产的状态和使用情况，为决策提供有力支持。同时，该系统还具备强大的数据分析功能，能够帮助管理人员发现潜在的问题和改进空间。

7. 完善的监督与问责机制

剑桥大学建立了完善的监督与问责机制，以确保资产管理的规范性和有效性。内部审计部门会定期对资产管理情况进行审计和检查，发现问题及时整改并追究相关责任人的责任。同时，外部监管机构也会对剑桥大学的资产管理情况进行监督和评估，确保其符合法规和政策要求。

综上所述，英国剑桥大学在资产管理方面采取了一系列科学、规范、有效的措施和方法，确保了资产的合理配置、有效利用和安全保障。这些做法对于其他高校和科研机构来说具有重要的借鉴意义。

第三章　科研事业单位资产配置与使用管理

科研事业单位的资产配置与使用应遵循明确的标准和程序。这些标准和程序应涵盖资产的采购、验收、使用、维护、报废等各个环节，确保资产管理的规范化和制度化。具体来说，需要制订详细的资产配置标准，明确各类资产的配置数量、性能要求等，避免盲目采购和浪费。同时，建立完善的资产管理程序，规范资产的验收、登记、领用、归还等流程，确保资产的安全和完整。科研事业单位的资产配置与使用管理是确保科研活动顺利进行、提高资产使用效率、防止资产流失的重要环节。

第一节　资产配置标准与程序研究

在科研事业单位中，资产配置是一个至关重要的环节，它涉及对未来研究方向的预测及对技术发展趋势的把握。为了制订出既符合实际又具有一定前瞻性的资产配置标准，必须深入了解并准确把握这些需求。

一、资产配置标准的内容

资产配置标准的内容必须具备详尽和具体的特点，为实际的资产配置工作提供明确的指导。这些标准应涵盖以下方面。

1. 配置比例

明确各类资产（如设备、图书、软件等）在总资产中的占比。这一比例的设定应基于单位的实际情况和科研需求，确保各类资产的均衡配置，避免某些资产的过度配置和浪费。

2. 数量上限

针对各类资产设定最大配置数量。这一上限的设定应综合考虑单位的规模、人员数量及科研项目的实际需求等因素，以有效避免资产的闲置和浪费现象。

3. 性能要求

针对不同类型的资产制订具体的性能指标和技术参数。这些指标和参数应既能满足当前科研活动的需求，又具有一定的先进性和可扩展性，以适应未来科研技术的发展趋势。

二、标准的更新

随着科研技术的不断进步和市场需求的快速变化，资产配置标准也需要与时俱进地进行更新和调整。

1. 定期评估与修订

定期对现有的资产配置标准进行评估和修订。评估的内容包括标准的适用性、合理性及实施效果等；修订的内容则包括调整配置比例、更新性能要求及优化数量上限等。通过定期评估和修订，确保资产配置标准始终与单位的实际需求和科研发展保持同步。

2. 负责机构与程序

明确专门的资产管理团队或委员会负责标准的更新工作。这些团队或委员会应具备专业的知识和丰富的经验，能够准确把握科研技术的发展趋势和市场需求的变化。同时，建立完善的更新程序，包括收集反馈意见、进行调研分析、形成修订方案及进行公示和培训等环节，以保障标准更新的科学性和有效性。

三、资产配置程序

为确保资产配置的合理性和有效性，科研事业单位应建立规范且高效的资产配置程序，包括以下几个环节。

1. 需求调研

在进行资产配置前，进行深入的需求调研，了解并掌握单位内部各部门、各项目组及科研人员的实际资产需求。通过与相关人员的充分沟通和交流，收集并整理他们的具体需求信息，为后续的资产配置工作提供有力的数据支持。同时，需求调研还应包括对当前科研项目的资产需求分析及对未来研究方向的预测等内容。

2. 预算编制

在充分了解并掌握实际需求的基础上，进行详细的预算编制工作。预算编制是资产配置过程中的重要环节之一，直接决定了单位能够投入多少资金用于资产的购置和维护。在编制预算时，应根据需求调研的结果和资产配置标准进行综合考量，确保预算的合理性和可行性。同时，充分考虑单位的财务状况和预算约束等因素，避免超预算配置资产现象的发生。

3. 审批程序

资产配置计划在经过预算编制后，提交给上级主管部门或领导进行审批。审批程序是确保资产配置计划合理性和可行性的重要保障。在审批过程中，应对资产配置计划的合理性、可行性及预算的合规性等进行全面审查。同时，根据需要进行公示和听证等程序，确保审批过程的公开、公正和透明。通过严格的审批程序，有效避免盲目配置和浪费资源等问题的发生。

4. 采购实施

获得批准后，按照资产配置计划和预算进行采购工作。采购过程中应遵循公开、公平、公正和竞争的原则，通过招标、询价等方式选择性价比高的供应商和产品。同时，加强与供应商的沟通和协调工作，确保采购的资产能够按时交付并满足性能要求。在采购实施过程中，建立完善的验收机制和质量控制体系，确保采购到的资产符合合同要求和质量标准。

5. 验收入库

当采购的资产交付到单位后，进行严格的验收工作。验收内容包括数量、规格、性能等方面是否符合合同要求和质量标准。只有经过验收合格的资产才能入库并进行登记造册。同时，建立完善的资产管理制度和操作流程规范后续的使用和管理行为。通过验收入库环节的把关作用，确保单位的资产账实相符并得到有效保障。

综上所述，科研事业单位的资产配置标准与程序是确保资产合理配置和有效利用的重要保障。通过制订科学合理的配置标准并遵循规范高效的配置程序，可以确保单位的科研工作得以顺利开展并取得预期成果。同时，随着科研技术的不断进步和市场需求的快速变化，还需要不断对现有的标准和程序进行评估和更新以适应新的形势和需求变化。

四、资产配置标准和程序注意要点

1. 实际需求的掌握与前瞻规划

应深入探究科研事业单位的当前与未来需求，包括科研项目进展、人员构成变化、技术革新趋势等。在充分满足现有需求的基础上，也要考虑未来发展的需要，保证资产配置既满足当前需求，又具备前瞻性。

2. 明确标准与灵活适应

为资产配置设定了明确的标准，包括各类资产的配置比例、数量上限、性能要求等，以便实际操作和执行。同时，这些标准也具有一定的灵活性，以适应不同科研项目的特殊需求和市场变化。

3. 规范流程与提高效率

制订严谨的资产配置流程，包括需求调研、预算编制、审批程序、采购实施、验收入库等环节，旨在确保整个过程的公正性和规范性。在保障规范性的同时，也注重提升效率，减少不必要的环节，使资产配置能够及时满足科研需求。

4. 财务预算的考量

在制订资产配置计划和预算时，充分考虑了单位的财务状况和预算限制。确保资产配置计划与单位预算相协调，避免超出预算配置资产，从而避免给单位带来财务压力。

5. 市场研究与供应商选择

在采购实施前，要进行深入的市场研究，了解了各类资产的市场价格、性能、供应商情况等信息。选择与信誉良好、产品质量有保障的供应商合作，以确保采购到性价比高的资产。

6. 遵循法规政策与内部制度

在制订资产配置标准和程序时，严格遵守国家相关法规政策的要求。同时，也要结合科研事业单位的内部管理制度和实际情况，确保所制订的标准和程序既合法又适用。

7. 持续更新与优化

定期对资产配置标准和程序进行评估和审查，根据科研需求和市场变化进行更新和优化。鼓励科研人员和管理人员提出改进建议，不断完善资产配置管理工作。

五、资产使用效率评估与优化

科研事业单位应定期对资产进行评估，了解资产的使用状况、性能表现等，为优化资产配置提供依据。评估可以采用定性和定量相结合的方法，包括问卷调查、实地检查、数据分析等。通过评估，可以发现资产配置中存在的问题和不足，进而制订针对性的优化措施。例如，对于使用频率低、性能落后的资产，可以考虑淘汰或更新；对于使用效率高、性能稳定的资产，可以适当增加配置数量或提高配置标准。在科研事业单位中，资产使用效率的评估与优化是提高资源利用率、避免浪费和确保科研活动顺利进行的关键环节。

1. 构建评估框架

为全面、科学地评价资产使用效率,需构建一个综合评估体系。此体系应涵盖定性与定量两类评估指标。其中,定性指标可能涉及资产管理制度的完善性、使用记录的规范性及维护保养情况;而定量指标则可能包括资产使用频率、利用率及故障率等关键数据。

2. 定期评估机制

资产使用效率的评估不应为一次性行为,而应形成定期机制,例如每季度或每年进行一次全面评估。通过定期评估,能够及时发现资产使用中的问题,如闲置、低效使用或过度损耗等,为后续的优化措施提供决策依据。

3. 识别低效与闲置资产

在评估过程中,应特别关注那些使用效率低或长时间闲置的资产。这些资产可能因技术更新、项目变动或管理不善等原因而出现问题。识别这些资产后,须深入分析其背后的原因,为后续的优化处理提供指导。

4. 制订与实施优化策略

基于评估结果,针对不同类型的低效或闲置资产,需制订具体的优化方案。例如,对于技术落后的设备,可考虑进行升级改造或替换;对于暂时闲置的资产,则可以考虑调剂使用或共享给其他有需求的部门。在方案确定后,应立即组织实施,并确保过程中的协调、资金预算、设备采购或技术改造等事项顺利进行。同时,监控进度与效果,确保优化措施取得预期效果。

5. 人员培训与激励机制

资产管理人员的专业能力和责任心直接影响资产使用效率。因此,应加强对其的培训和教育,内容包括资产管理基本知识、技能和责任意识等。此外,建立激励机制,如设立资产管理奖励制度,以鼓励员工积极参与资产使用效率的优化工作。

通过上述措施的实施,科研事业单位能够逐步建立起科学、规范、高效的资产管理体系,确保资产的高效利用和科研活动的顺利进行。

第二节 资产共享与调剂机制研究

中华人民共和国国务院令第 738 号《行政事业性国有资产管理条例》

第十八条规定：县级以上人民政府及其有关部门应当建立健全国有资产共享共用机制，采取措施引导和鼓励国有资产共享共用，统筹规划有效推进国有资产共享共用工作。各部门及其所属单位应当在确保安全使用的前提下，推进本单位大型设备等国有资产共享共用工作，可以对提供方给予合理补偿。

科研事业单位内部往往存在资产配置不均的情况，一些部门或项目可能拥有过多的资产，而其他部门或项目则可能面临资产短缺的问题。因此，构建有效的共享与调剂机制显得尤为重要。通过搭建资产共享平台，实现资产的跨部门、跨项目共享，可以提高资产的使用效率，减少浪费。同时，建立灵活的调剂机制，根据实际需求对资产进行合理调配，可以确保科研活动的顺利进行。当前在科研事业单位中，资产共享与调剂机制是提高资产使用效率、减少资源浪费的重要手段。通过建立共享平台和灵活的调剂机制，可以实现资产的优化配置和高效利用。

一、共享机制

1. 资产共享平台的构建

在单位内部，应构建一个资产共享平台，以整合并优化各部门间闲置或低效利用的资产，为其他有需求的部门提供使用机会。此举措不仅可减少不必要的重复购置，还能显著提高资产的使用效率。此外，也应鼓励不同科研事业单位间建立资产共享合作关系，通过共享平台实现资产的跨单位流通与共享利用。这有助于消除单位间的隔阂，推动资源共享与优势互补。

2. 共享管理办法的制定

为确保共享资产的安全与有效，应明确共享资产的范围，这需要根据资产的性质、用途及价值等因素进行判定。同时，需要制订详细的资产共享使用程序，涵盖申请、审批、使用及归还等各个环节，以保证共享过程的有序与规范。此外，为平衡各方利益并确保共享机制的长期稳定运行，应根据共享资产的使用情况及价值，制订合理的费用分担机制。

二、调剂机制

1. 灵活的资产调剂机制的建立

随着科研项目的推进与需求的变化，资产的配置与使用也须相应调整。因此，应建立灵活的资产调剂机制，确保资产能够及时满足科研需求的变化。同时，优化资产配置流程，简化手续，提高调剂效率，并通过加强部门间的沟通协作，实现资产的快速流动与优化配置。

2. 部门间沟通协作的加强

为及时发现闲置或低效利用的资产，为调剂提供有力支持，应建立有效的沟通渠道，促进各部门间的信息交流与资源共享。同时，强化员工的协作意识与团队精神，鼓励各部门积极参与资产调剂工作，共同实现资产的合理流动与优化配置。

综上所述，资产共享与调剂机制对于提高科研事业单位资产使用效率具有重要意义。通过构建共享平台与灵活的调剂机制，可以实现资产的优化配置与高效利用，为科研事业的顺利发展提供坚实保障。

三、资产共享与调剂机制应用实例详解

1. 背景介绍

单位A和单位B是两个相邻的科研事业单位，分别专注于不同领域的研究。在过去，这两个单位各自购置了大量的实验设备和仪器，以满足各自的科研需求。然而，由于研究领域的差异，很多设备在大部分时间都处于闲置状态，造成了资源的浪费。为了解决这个问题，单位A和单位B决定尝试建立资产共享与调剂机制。

2. 共享机制的实施

平台搭建：单位A和单位B共同投入资源，搭建了一个在线的资产共享平台。这个平台具备设备信息展示、预约申请、使用记录跟踪等功能，为双方提供了一个便捷的共享渠道。

设备整合与上传：双方对各自的实验设备和仪器进行了全面的盘点和评估，将那些闲置或低效使用的设备和仪器整合起来，并上传到共享平台上。这些设备包括显微镜、分光光度计、离心机等通用型实验设备，也有一些专业领域的特定设备。

共享管理办法制定：为了确保共享机制的顺利运行，单位A和单位B的管理层共同商讨并制订了详细的共享管理办法。这些办法明确了共享资产的范围、使用程序、费用分担、损坏赔偿等事项，为双方提供了清晰的操作指南。

申请与审批流程：当某一方需要使用对方的设备时，可以通过共享平台提交申请，并注明使用目的、时间、地点等信息。对方在收到申请后，会根据设备的空闲情况和申请方的科研需求进行审批。一旦审批通过，申请方就可以按照约定的时间和地点使用设备。

3. 调剂机制的实施

需求沟通：随着科研项目的进展和变化，单位 A 和单位 B 的资产需求也发生了变化。为了及时了解对方的需求变化，双方建立了定期的沟通机制，通过会议、邮件等方式交流各自的资产需求和调剂意愿。

设备调剂：当某一方发现自己购置的设备不再符合当前的研究需求，而对方正好需要这种设备时，就可以提出调剂申请。双方会根据设备的性能、价值及各自的需求进行协商，并达成调剂协议。协议中会明确调剂设备的清单、价格或费用、交付方式等条款。

费用结算与交付：在调剂协议达成后，双方会按照协议约定的方式进行费用结算和设备交付。这通常包括设备转运、安装调试、技术培训等环节。为了确保调剂的顺利进行，双方还可以邀请第三方机构进行评估和监督。

四、成果与影响

通过实施资产共享与调剂机制，取得了显著的成果。

提高资产使用效率：闲置或低效使用的设备和仪器得到了充分利用，避免了资源的浪费。同时，共享和调剂机制还促进了双方对设备的维护和保养，延长了设备的使用寿命。

节约科研成本：通过共享和调剂机制，节约了大量的科研成本。这些成本可以用于支持更多的科研项目和人才培养计划，推动科研事业的持续发展。

促进单位间合作与交流：共享和调剂机制为单位提供了一个合作与交流的平台。通过这个平台，双方可以及时了解对方的科研进展和需求变化，寻找合作机会，共同推动科研事业的发展。同时，这种合作与交流还有助于提升双方的科研水平和创新能力。

第三节 闲置资产与废旧资产的处置管理

科研事业单位在长期的科研活动中，难免会积累一些闲置资产和废旧资产。这些资产如果管理不善，不仅会造成资源的浪费，还可能对环境造成污染。因此，加强闲置资产与废旧资产的处置管理，对于科研事业单位来说至关重要。

一、闲置资产处置

1. 资产核查与辨识

科研事业单位应定期进行资产清查,全面盘点并精确辨识所有资产,特别是那些长期未使用的资产。在辨识过程中,须对资产的购置时间、使用状况、技术性能等进行综合考量,以明确其是否属于闲置资产。同时,还须深入分析闲置资产产生的原因,如技术进步、项目完结、需求转变等,为后续处置工作提供决策依据。

2. 资产调配与再利用

对于仍具备使用价值的闲置资产,科研事业单位应优先考虑在内部进行调配使用。通过建立完善的调配机制,将闲置资产合理分配至需求部门或项目中,以实现资源的优化配置。当内部调配不可行时,可积极寻求与其他科研机构或企业的资产交换或共享,以扩大资产的使用范围,提升其利用效率。

3. 资产租赁与出借

针对那些无法内部调配但仍有市场需求的闲置资产,科研事业单位可选择将其租赁或出借给外部机构。此举不仅可带来一定的经济收益,还可促进资产的流动和再利用。然而,在租赁或出借过程中,必须建立严格的合同管理制度和风险控制机制,以保障资产的安全与完整。同时,还须定期对租赁或出借的资产进行检查和维护,确保其保持良好使用状态。

4. 资产保管与维护

对于暂时无法处置的闲置资产,科研事业单位应设立专门的保管场所并制订相应管理制度。通过实施严格的保管措施和维护计划,确保闲置资产在保管期间不受损害。此外,还须定期对闲置资产进行检查和维护,保持其随时可用的状态。这样,在需要时能够迅速投入使用,避免资源浪费。

二、废旧资产处置

1. 资产评估

科研事业单位在废旧资产处置前,应进行全面且细致的资产评估。评估应涵盖资产的剩余价值、最佳处置方式及可能的环境影响等关键要素。此举旨在准确掌握资产的真实状态与价值,为后续处置决策奠定坚实基础。此外,评估结果也可作为与回收机构谈判的参考依据。

2. 确立严格的审批流程

为保障废旧资产的处置活动符合国家法律法规及机构内部管理规定,科研事业单位须建立一套严谨、完整的审批流程。此流程应包含申请、审核、审批及执行等环节，并明确各环节的职责与权限。在申请阶段，须详细列明废旧资产的种类、数量及处置方式等信息；审核环节则须对申请内容进行细致审查，并提出相应处理意见；审批环节则由相关负责人对审核结果进行最终确认；最后，在执行阶段，须严格按照审批结果对废旧资产进行处置。

3. 公开拍卖与招投标

对于具有一定市场价值的废旧资产，科研事业单位可通过公开拍卖或招投标的方式进行处置。此方式能确保处置过程的公开、公平与公正，从而最大化实现资产的剩余价值。在此过程中，必须遵循相关法律法规及程序要求，保障处置活动的合法性与有效性。同时，还须对拍卖或招投标结果进行公示与监督，以确保处置结果的公正性与透明度。

4. 报废与回收

对于无市场价值或无法再利用的废旧资产，科研事业单位须按照相关规定进行报废处理。报废过程中，必须遵循环保、安全等原则，确保报废活动不对环境造成污染与危害。此外，还应积极探索废旧资产的回收途径，并与专业回收机构建立合作关系。在选择回收机构时，应对其资质与信誉进行认真考察与评估，以确保其具备合法经营资格与良好信誉记录。

5. 建立健全的监管与问责机制

为保障废旧资产处置的规范性与严肃性，科研事业单位必须建立完善的监管体系与问责机制。可通过设立专门监管机构或指定专人负责废旧资产处置的监管工作，对处置过程进行全程监控与跟踪管理。对于违反处置规定或造成严重后果的行为，应依法追究相关责任人的责任并给予相应处罚。同时，还须加强内部审计与外部监督的力度，确保废旧资产处置活动的合规性与有效性。

科研事业单位的闲置资产与废旧资产处置管理在资产管理中占据重要地位。通过加强处置策略与管理制度的建设与实施，科研事业单位能够优化资源配置、提高运营效率、降低财务风险并履行社会责任。展望未来，科研事业单位应持续优化闲置资产与废旧资产的处置管理工作，为科研事业的可持续发展提供坚实保障。

在科研事业单位的资产配置与使用管理方面，须建立完善的标准与程序、实施科学的评估与优化措施、构建有效的共享与调剂机制，并加强闲置与废旧资产的处置管理。这些措施将有助于提高资产使用效率、保障科研活动的顺利进行，并推动科研事业单位的可持续发展。

第四章 科研事业单位流动资产与无形资产的管理

第一节 流动资产

一、流动资产的定义

流动资产指企业在一年内或超过一年的营业周期内，具备变现或运用能力的资产，是企业资产构成中不可或缺的部分。流动资产在周转循环中，始于货币形态，历经形态变化，最终回归货币形态。其各形态资金与生产流通紧密相连，周转速度快，变现能力强。对流动资产业务的审计，不仅有助于确认其业务的合法性与合规性，还能检查账务处理的正确性，揭示潜在问题，进而提升流动资产的使用效益。对于科研事业单位，流动资产同样占据重要地位，包括现金、银行存款、应收账款、存货等，是保障科研活动顺利进行的物质基础。

二、流动资产的分类

流动资产主要包括货币资金、应收票据、应收账款和存货等。货币资金，即以货币形式存在的资产，包括现金、银行存款和其他货币资金，是企业流动性最强的资产，也是关键的支付和流通手段。应收票据，指企业因销售商品、提供劳务等收到的商业汇票，包括银行承兑汇票和商业承兑汇票，代表企业的债权，具有一定的流动性。应收账款，则是企业因销售商品、提供劳务等应收取的款项，是企业的重要债权和流动资产组成部分。存货，指企业日常活动中以备出售的产成品或商品、生产过程中的在产品、生产或劳务过程中耗用的材料或物料等，是企业的重要资产和生产经营活动的基础。

对于科研事业单位，存货可能包括实验材料、试剂、设备等。

三、流动资产的特点

流动资产的特点主要体现在流动性强、周转速度快、形态多样及存在风险性。流动资产能在短时间内变现或运用，满足企业日常经营需求，并提供应对突发事件的能力。其周转速度快，能提高企业资金使用效率，降低资金成本。同时，流动资产形态多样，包括货币资金、应收票据、应收账款、存货等，企业须根据实际情况进行合理配置和管理。然而，流动资产也存在一定风险，如应收账款的坏账风险、存货的积压和过时风险等，企业须在管理中充分考虑并采取相应的风险控制措施。对于科研事业单位，深入理解和掌握流动资产的概念、分类和特点，有助于优化资产配置，提高资金使用效率和效益，同时须根据自身特点和需求，制订科学合理的流动资产管理制度和策略，确保科研活动的顺利进行。

第二节 无形资产

一、无形资产的概念

无形资产指企业拥有或控制的，没有实物形态的可辨认的非货币性资产。它们通常表现为某种权利、技术或知识形态，虽然不具备物质实体，但却能为企业带来经济利益。无形资产在企业的运营和发展中起着至关重要的作用，尤其是在知识经济和创新驱动的时代背景下，无形资产的重要性日益凸显。

对于科研事业单位而言，无形资产同样具有举足轻重的地位。科研事业单位作为科技创新的主体，其拥有的无形资产如专利权、商标权、著作权、非专利技术等，是其核心竞争力的重要组成部分。这些无形资产不仅有助于提升科研事业单位的科研能力和水平，还能为其带来经济效益和社会效益。

二、无形资产的分类

无形资产可以根据不同的标准进行分类，常见的分类方式有以下几种。

按取得方式分类：无形资产可分为自创的无形资产和外购的无形资产。自创的无形资产是指企业通过自主研发、创新等方式形成的无形资产；外购的无形资产则是指企业通过购买、受让等方式从外部取得的无形资产。

按能否独立存在分类：无形资产可分为可确指的无形资产和不可确指的无形资产。可确指的无形资产是指能够独立存在、可以单独出售或转让的无形资产，如专利权、商标权等；不可确指的无形资产则是指不能独立存在、需要依附于其他资产或业务才能发挥作用的无形资产，如商誉、非专利技术等。

按经济内容分类：无形资产可以分为专利权、商标权、著作权、非专利技术、土地使用权、特许权等。这种分类方式是根据无形资产的经济内容和性质进行的划分，有助于更准确地理解和把握各类无形资产的特点和价值。

在科研事业单位中，常见的无形资产类型主要包括专利权、商标权、著作权和非专利技术等。这些无形资产都是科研事业单位在科技创新过程中形成的重要成果，具有极高的价值。

三、无形资产的特点

无形资产作为一种特殊的资产形态，具有以下显著特点。

非物质性：无形资产不具有物质实体，它们以知识、技术、权利等形态存在。这一特点使得无形资产在使用过程中不会像有形资产那样发生物理损耗或价值减损，反而可能因技术进步和市场需求的变化而增值。

独占性：无形资产通常具有独占性或排他性。例如，专利权赋予专利权人在一定期限内对专利技术的独占使用权，商标权则保护商标所有人的商标专用权。这种独占性使得无形资产能够为企业带来竞争优势和经济利益。

长期性：无形资产的使用寿命通常较长，能够在多个会计期间为企业带来经济利益。这一特点使得无形资产在企业的长期发展中具有重要地位，需要企业进行合理的配置和管理。

价值不确定性：无形资产的价值往往难以准确计量和评估。这主要是因为无形资产的价值受到多种因素的影响，如技术进步、市场需求、法律环境等。这些因素的变化可能导致无形资产价值的波动和不确定性。

高风险性：无形资产的开发和取得往往需要投入大量的人力、物力和财力，且成功与否存在较大的不确定性。此外，无形资产在使用过程中也可能面临技术过时、市场替代等风险。这些风险使得无形资产的管理和运营具有较高的挑战性。

对于科研事业单位而言，了解和掌握无形资产的概念、分类和特点，有助于更好地进行资产配置和管理，提高无形资产的使用效率和效益。同时，科研事业单位还需要根据自身的特点和需求，制订科学合理的无形资产管理制度和策略，确保无形资产的保值增值和科技创新活动的顺利进行。

第三节　资产管理的重要性与挑战

一、资产管理的重要性

1. 流动资产在科研事业单位中的重要性

流动资产，作为科研事业单位资产的关键组成部分，扮演着保障单位正常运转、应对短期财务风险等多重角色。在科研事业单位的运营管理中，流动资产的重要性不容忽视。

在科研事业单位中，流动资产是单位资产的重要组成部分，包括现金、银行存款、应收账款、存货等多种形式。这些资产具有流动性强、周转速度快等特点，对于保障单位的正常运转和应对短期财务风险具有重要意义。因此，深入了解流动资产在科研事业单位中的重要性，对于优化单位的资产管理、提高资金使用效率具有重要意义。

2. 流动资产在保障单位正常运转中的作用

（1）资金供应的保障：流动资产中的现金和银行存款是单位日常运营所需资金的主要来源。通过合理配置和管理这些流动资产，单位可以确保员工工资、实验材料采购、水电费等日常开支得到及时支付，从而保障科研活动的顺利进行。此外，流动资产还可以为单位的设备维护、场地租赁等提供必要的资金支持。

（2）物资供应的保障：存货是流动资产的重要组成部分，包括实验材料、试剂、设备等。这些存货对于科研活动的顺利进行至关重要。通过合理规划和管理存货，单位可以确保实验所需的物资得到及时供应，避免因物资短缺而影响科研进度。同时，优化存货管理还可以降低库存成本，提高资金的使用效益。

3. 流动资产在应对短期财务风险中的作用

（1）缓解资金短缺：当科研事业单位面临资金短缺时，流动资产可以发挥重要的缓解作用。单位可以通过出售存货、应收账款等流动资产来筹集资金，以应对短期的财务风险。这种变现能力使得单位在面临突发情况时能够迅速调整资金配置，确保单位的正常运转不受影响。

（2）抓住市场机遇：流动资产的快速变现能力还有助于单位抓住市场机遇。当市场上出现有利的投资机会或合作伙伴时，单位可以迅速调动流动资产进行投资或合作，从而实现快速发展。这种灵活性使得单位在市场竞争中能够迅速做出反应，抓住稍纵即逝的机遇。

（3）提高资金使用效率：流动资产的有效管理对于提高科研事业单位的资金使用效率具有重要意义。通过加强应收账款的管理，单位可以减少坏账损失，提高收款效率；通过优化存货管理，单位可以降低库存成本，避免物资浪费；通过合理调度资金，单位可以提高资金的使用效益，实现资产的保值增值。这些措施都有助于单位提高整体的经济效益和竞争力。

流动资产在科研事业单位中的重要性不言而喻。为了充分发挥流动资产的作用，单位需要采取一系列措施加强资产管理。首先，单位应建立完善的流动资产管理制度，规范资产的采购、使用、处置等环节；其次，单位应加强对应收账款和存货的管理，提高收款效率和物资使用效率；最后，单位应合理调度资金，确保资金的安全和高效使用。通过这些措施的实施，科研事业单位可以更好地利用流动资产推动科研事业的发展和创新能力的提升。

4. 无形资产在科研事业单位中的重要性

随着知识经济的发展和科技创新的推进，无形资产在科研事业单位中的地位日益凸显。无形资产不仅是单位核心竞争力的重要组成部分，更是推动科技成果转化、增强品牌影响力的关键因素。以下是对无形资产在科研事业单位中重要性的深入分析，以期为单位的无形资产管理提供有益参考。

在科研事业单位中，无形资产是指那些不具有物质形态，但能为单位带来经济效益和社会效益的资产。这些资产包括专利权、商标权、著作权、非专利技术等，它们代表了单位的研发能力和技术水平，是单位创新成果的重要体现。随着科技创新的不断深入，无形资产在科研事业单位中的重要性日益提升，成为单位发展的重要支撑。

（1）提升单位核心竞争力：无形资产是科研事业单位核心竞争力的重要组成部分。在激烈的市场竞争中，拥有一定数量的无形资产是单位具备竞争优势的重要标志。这些无形资产代表了单位的研发实力、技术水平和创新能力，是单位在市场竞争中立于不败之地的关键。

首先，专利权等无形资产可以保护单位的创新成果，防止其他竞争对手的模仿和侵权。这种独占性使得单位在特定领域内形成技术壁垒，从而占据市场主导地位。其次，商标权、著作权等无形资产可以提升单位的品牌形象和知名度，增强消费者对单位产品或服务的信任度和忠诚度。这有助于单位在市场竞争中脱颖而出，吸引更多的合作伙伴和投资者。

此外，无形资产还可以为单位带来经济收益和社会效益。通过专利权的许可、转让等方式，单位可以实现技术成果的商业化运作，获取可观的经济回报。同时，无形资产的提升也有助于单位承担更多的社会责任，推动行业的技术进步和社会发展。

（2）促进科技成果转化：无形资产作为科技创新的产物，具有重要的科技成果转化价值。在科研事业单位中，科技成果的转化是将科技成果从实验室推向市场的过程，是实现科技创新价值最大化的关键环节。而无形资产在这一过程中发挥着至关重要的作用。

首先，无形资产中的专利权、非专利技术等可以为科技成果的转化提供技术支撑和保障。这些技术成果经过申请专利或形成非专利技术后，可以得到法律的保护和认可，从而增加其商业化的可行性和吸引力。其次，无形资产的转让、许可等方式可以为单位带来资金回报和合作机会，推动科技成果的进一步研发和市场推广。

此外，无形资产还可以促进单位与产业界的合作与交流。通过与企业、投资机构等合作方的对接与沟通，单位可以更好地了解市场需求和行业动态，为科技成果的转化提供有力的市场支撑和资源整合。这种合作模式有助于推动科技创新与产业发展的深度融合，实现科技创新成果的社会共享和共赢。

（3）增强单位品牌影响力：无形资产中的商标权、著作权等可以作为单位的品牌象征和形象代表。通过加强这些无形资产的管理和保护，单位可以提升自身的品牌形象和知名度，增强消费者对单位产品或服务的认同感和忠诚度。这种品牌效应有助于单位在市场竞争中占据优势地位，吸引更多的合作伙伴和投资者关注与支持。

同时，良好的品牌形象也有助于单位拓展市场份额和扩大影响力。当消费者对单位的产品或服务产生信任和认同时，他们更愿意选择并推荐该单位的产品或服务给其他人。这种口碑传播效应有助于单位在市场中形成良好的声誉和口碑，进一步提升其市场份额和竞争力。

综上所述，无形资产在科研事业单位中具有举足轻重的地位和作用。为了充分发挥无形资产的价值和潜力，单位需要采取一系列措施加强无形资产的管理和保护工作。首先，单位应建立完善的无形资产管理制度和流程，规范无形资产的申请、审查、维护等环节；其次，单位应加强无形资产的评估和转化工作，实现科技成果的商业化和产业化运作；最后，单位应注重无形资产的品牌建设和维护工作，提升自身的品牌形象和知名度。通过这些措施的实施，科研事业单位可以更好地利用无形资产推动科技创新和事业发展。

二、资产管理面临的挑战

流动资产是科研事业单位运营中的重要组成部分，其管理的效率和效果直接影响单位的运营稳定性和持续发展。然而，在实际管理过程中，科研事业单位往往面临着多方面的挑战，其中资金周转不灵和应收账款难以收回是最为常见的两个问题。

1. 资金周转不灵

科研项目进度款支付不及时：科研项目通常需要长时间的研发和实验过程，进度款的支付往往与项目的实际进度挂钩。然而，由于项目执行过程中的不确定性，如技术难题、实验失败等，可能导致项目进度款支付不及时，进而影响单位的资金流。

财政拨款到位滞后：科研事业单位的资金来源中，财政拨款占据重要地位。然而，由于财政拨款需要经过一系列的审批和拨款程序，可能导致资金到位时间滞后，无法满足单位的即时资金需求。

市场变化导致资金回流减慢：科研事业单位在运营过程中可能涉及与市场的交互，如科技成果转化、技术服务等。市场需求的变化、竞争加剧等因素可能导致单位的收入减少或资金回流速度减慢，进而影响单位的资金周转。

资金周转不灵会对科研事业单位的正常运营产生严重影响。首先，无法按时支付员工工资可能导致员工工作积极性下降、人才流失等问题。其次，无法采购必要的实验材料将直接影响科研活动的正常进行，可能导致项目进度延误、科研成果质量下降等后果。此外，资金周转不灵还可能影响单位的信用记录和声誉，进而影响单位与其他机构或个人的合作关系。

2. 应收账款难以收回

对方财务状况不佳：单位在与其他机构或个人合作时，可能会产生应收账款。然而，由于对方财务状况不佳，如经营困难、资金链断裂等，可能导致其无法按时支付应付账款。

信用记录不良：部分合作方可能存在信用记录不良的情况，如历史上有过多次拖欠账款的行为。这使得单位在与其合作时面临较大的收款风险。

故意拖欠：部分合作方可能出于自身利益考虑，故意拖欠应付账款，以缓解自身的资金压力。这种行为对单位的资金流和运营效率造成直接影响。

应收账款难以收回会对科研事业单位的现金流产生负面影响。首先,现金流的减少可能影响单位的正常运营和资金周转。其次,增加坏账损失的风险。如果应收账款长期无法收回,单位可能需要计提坏账准备,进而减少单位的净利润。此外,应收账款的难以收回还会影响单位的运营效率。单位需要投入更多的时间和精力进行收款工作,这可能会分散单位的注意力,影响其他重要工作的推进。同时,收款困难和现金流问题也可能导致单位在市场上的竞争力下降,错失发展机会。

三、无形资产评估困难

1. 评估困难的原因

非实体性:无形资产如专利权、商标权、商誉等不具有物质形态,无法像有形资产那样直接观察和测量。这种非实体性使得无形资产的评估缺乏直观性和可比性,增加了评估的难度。

不确定性:无形资产的价值往往受到多种因素的影响,如市场环境、技术进步、法律法规等。这些因素的变化都可能导致无形资产价值的波动或减损。此外,无形资产的未来收益也具有不确定性,难以准确预测。这种不确定性使得无形资产的评估变得更加复杂和困难。

评估方法和标准的不统一,目前,对于无形资产的评估尚未形成统一的方法和标准。不同的评估机构或专家可能采用不同的评估方法和参数,导致评估结果存在差异。这种不统一性增加了无形资产评估的难度和不确定性。

2. 评估困难的影响

决策失误:无形资产评估的准确性对于单位的决策具有重要的参考价值。如果评估不准确,可能导致单位在投资决策、合作谈判等方面做出错误的决策,进而造成经济损失。

交易受阻:在无形资产的转让、许可等交易中,评估结果是确定交易价格和条件的重要依据。如果评估困难,可能导致交易双方无法就交易价格和条件达成一致,从而使交易受阻或无法完成。

资源配置不合理:无形资产评估的困难可能导致单位在资源配置上做出不合理的决策。例如,可能将过多的资源投入价值较低的无形资产上,而忽视了价值较高的无形资产的开发和利用。这种资源配置的不合理将影响单位的整体效益和竞争力。

四、无形资产保护不足

1. 保护不足的原因

(1) 意识淡薄：部分科研事业单位在无形资产保护方面存在意识淡薄的问题。他们可能认为无形资产不如有形资产重要，或者对无形资产的保护没有足够的重视和投入。这种意识淡薄导致单位在无形资产保护方面存在漏洞和不足。

(2) 制度不健全：无形资产的保护需要完善的制度支持。然而，目前一些科研事业单位在无形资产保护制度方面存在不健全的问题。例如，可能缺乏专门的保护机构和人员，或者保护制度过于笼统和抽象，缺乏可操作性和针对性。这种制度不健全使得无形资产的保护难以落到实处。

(3) 侵权行为的隐蔽性：与有形资产相比，无形资产的侵权行为往往更加隐蔽和难以发现。一些侵权者可能会采用技术手段或其他方式来掩盖其侵权行为，增加了保护的难度。此外，由于无形资产的非物质性，其侵权行为也可能更加难以取证和维权。

2. 保护不足的影响

(1) 无形资产流失：保护不足可能导致单位的无形资产流失或被侵权。这些无形资产可能包括技术秘密、商业秘密、专利权等，它们的流失将对单位的创新能力和市场竞争力造成严重影响。同时，无形资产的流失也可能给单位带来巨大的经济损失和声誉损害。

(2) 创新成果被窃取：如果单位的创新成果没有得到有效的保护，可能被他人窃取或盗用。这不仅损害了单位的创新成果和市场竞争力，还可能使单位陷入法律纠纷和诉讼之中。此外，创新成果被窃取还可能影响单位的研发积极性和投入力度。

(3) 品牌形象受损：无形资产中的商标、商誉等是单位品牌形象的重要组成部分。如果保护不力，可能导致商标被抢注、商誉被诋毁等情况发生。这将严重损害单位的品牌形象和市场声誉，进而影响单位的长期发展。

五、无形资产利用效率低

1. 利用效率低的原因

(1) 利用方式单一：部分科研事业单位在无形资产利用方面存在方式单一的问题。他们可能仍然沿用传统的利用方式和方法，缺乏创新和灵活性。这种单一的利用方式限制了无形资产在单位价值创造过程中的作用发挥。

（2）缺乏有效激励机制：无形资产的开发和利用需要员工的积极参与和投入。然而，目前一些科研事业单位在无形资产利用方面缺乏有效的激励机制。员工可能没有足够的动力去开发和利用无形资产，导致无形资产的利用效率低下。

（3）与市场脱节：无形资产的价值最终需要通过市场来实现。然而，一些科研事业单位在无形资产利用方面存在与市场脱节的问题。他们可能不了解市场的需求和趋势，或者缺乏与市场对接的渠道和平台。这种与市场脱节的现象限制了无形资产的市场化进程和利用效率。

2. 利用效率低的影响

（1）资源浪费：无形资产是一种宝贵的资源，如果利用效率低下，将造成资源的浪费。这种浪费不仅是对单位资源的浪费，也是对社会资源的浪费。在资源紧缺的时代背景下，提高无形资产的利用效率显得尤为重要。

（2）竞争力下降：无形资产是单位竞争力的重要组成部分。如果利用效率低下，将影响单位的整体竞争力和市场地位。在激烈的市场竞争中，提高无形资产的利用效率是单位保持竞争优势的关键。

（3）发展受限：无形资产的开发和利用是单位创新发展的重要途径。如果利用效率低下，将限制单位的创新能力和发展空间。在科技日新月异的时代背景下，提高无形资产的利用效率对于单位的长期发展具有重要意义。

第四节　资产配置与优化策略

一、流动资产的配置与优化

科研事业单位作为国家科技创新体系的重要组成部分，其流动资产的合理配置与优化对于保障科研活动的顺利进行、提高资金使用效率具有重要意义。科研事业单位承担着国家科技创新的重要使命，其运营资金主要来源于政府拨款、科研项目经费等。在有限的资金条件下，如何合理配置和优化流动资产，确保科研活动的顺利进行，提高资金使用效率，也是科研事业单位财务管理的一个重要问题。

1. 确定最佳现金持有量

科研事业单位的现金持有量应满足日常运营、科研项目支出及应对突发事件的需求。在确定最佳现金持有量时，需要考虑以下因素。

科研活动的周期性：科研项目往往具有周期性，不同阶段的资金需求不同。因此，科研事业单位应根据项目周期和进度合理安排现金流入和流出。

突发事件的应对：科研活动具有一定的不确定性和风险性，如实验失败、设备损坏等。科研事业单位应预留一定的现金储备，以应对这些突发事件。

机会成本与短缺成本的权衡：持有过多现金可能导致机会成本增加，而现金不足则可能面临短缺成本。科研事业单位应在两者之间找到平衡点，确定最佳现金持有量。

2. 优化存货管理

科研事业单位的存货管理涉及实验材料、试剂、设备等关键要素。优化存货管理对于降低库存成本、提升资金使用效率具有重要意义。为实现这一目标，建议采取以下具体措施。

首先，采用 ABC 分类法管理。根据存货的价值、重要性及消耗速度等因素，将存货科学划分为 A、B、C 三类。针对不同类别的存货，制订相应的管理策略。具体而言，A 类存货作为核心资源，应受到重点关注，严格控制其库存量，确保其供应稳定；对 B 类存货进行次重点管理，不必像 A 类那样严格；而 C 类存货可适当放宽管理要求，以平衡库存成本与运营效率。

其次，实施实时库存监控。借助现代信息技术手段，实现库存数据的实时更新与监控。这将有助于科研事业单位精确掌握库存情况，及时发现并解决库存问题，从而提高库存周转率和降低库存风险。

最后，加强与供应商的合作与信息共享。与供应商建立长期稳定的合作关系，实现信息共享和协同计划。这将有助于科研事业单位提高采购效率、降低采购成本，并有效减少库存积压和浪费。通过与供应商的深度合作，共同应对市场变化，确保科研事业单位的科研活动顺利进行。

二、提高流动资产使用效率的方法

1. 加强应收账款管理

科研事业单位的应收账款主要包括科研项目经费拨款、技术服务收入等。加强应收账款管理有助于提高资金回笼速度、降低坏账风险。具体措施包括以下几个方面。

（1）建立完善的收款机制：明确收款流程和责任人，确保应收账款及时入账。同时，加强与客户的沟通和协调，解决收款过程中的问题。

（2）定期进行账龄分析：对应收账款的账龄进行定期分析，及时发现逾期账款并采取相应措施。对于长期无法收回的账款,应查明原因并妥善处理。

(3) 坏账准备制度:根据历史数据和风险评估结果,建立坏账准备制度。这有助于科研事业单位应对坏账风险,确保财务状况的稳定。

2. 推行精细化存货管理

精细化存货管理要求科研事业单位对存货进行精细化管理,实现库存量的精确控制。具体措施包括以下几个方面。

(1) 需求预测与计划:根据科研项目需求和历史数据,对存货需求进行预测和计划。这有助于科研事业单位合理安排采购和库存量。

(2) 定期盘点与调整:对存货进行定期盘点,确保库存数据的准确性。同时,根据盘点结果和实际需求,对库存量进行调整和优化。

(3) 库存周转率监控:关注库存周转率指标,及时发现库存积压和浪费问题。对于周转率较低的存货,应采取相应措施进行处理和优化。

通过确定最佳现金持有量、优化存货管理等策略,以及加强应收账款管理、推行精细化存货管理等方法,科研事业单位可以提高流动资产的使用效率,确保科研活动的顺利进行。在未来的工作中,科研事业单位应继续关注流动资产管理问题,不断完善和优化管理策略和方法,为科技创新事业作出更大的贡献。

三、无形资产的评估、保护与利用

在知识经济时代,无形资产已成为企业、科研机构和高校等组织的重要资产组成部分。无形资产不仅代表着组织的创新能力和核心竞争力,还是推动科技进步和经济发展的重要力量。因此,对无形资产的评估、保护与利用显得尤为重要。

无形资产评估是确定无形资产当前价值或潜在价值的过程,它对于企业的财务决策、交易、税务规划及法律诉讼等方面都具有重要意义。由于无形资产不具有物质形态,其价值往往难以直接量化,因此需要采用特定的评估方法和技术。以下详细介绍市场法、收益法和成本法3种常用的无形资产评估方法。

1. 市场法

市场法,又称市场比较法,是基于市场交易数据来评估无形资产价值的一种方法。它的基本原理是"替代原则",即相似的资产在相似的市场条件下应具有相似的价值。市场法的应用前提是存在一个活跃且有效的市场,市场上有足够的可比交易数据可供参考。

在应用市场法时,评估人员需要收集并分析近期市场上类似无形资产的交易数据,包括交易价格、交易条件、交易时间等。通过比较待评估无形资产与市场上类似资产的异同点,对交易数据进行适当的调整,从而推断出待评估无形资产的价值。

市场法的优点在于其评估结果较为客观和可靠,能够反映市场对无形资产价值的认可程度。然而,市场法的应用受到一定限制,如市场不活跃、缺乏可比交易数据等情况都会影响评估结果的准确性。

2. 收益法

收益法,又称收益现值法或现值法,是通过预测无形资产未来能带来的经济利益来评估其价值的一种方法。它的基本原理是"预期收益原则",即资产的价值应等于其未来预期收益的现值之和。

在应用收益法时,评估人员需要预测无形资产未来能够产生的经济利益,这通常涉及对未来现金流的预测、折现率的确定及收益期限的估计等步骤。预测未来现金流时,需要考虑无形资产的使用情况、市场需求、竞争状况等因素;确定折现率时,则需要考虑无风险利率、风险溢价等因素;估计收益期限时,则需要考虑无形资产的剩余使用寿命、法律保护期限等因素。

收益法的优点在于其能够充分考虑无形资产未来能够带来的经济利益,评估结果较为全面和准确。然而,收益法的应用也受到一定限制,如对未来现金流的预测存在不确定性、折现率和收益期限的确定存在主观性等问题都会影响评估结果的准确性。

3. 成本法

成本法,又称重置成本法或历史成本法,是基于无形资产的替代或重置成本来评估其价值的一种方法。它的基本原理是"成本原则",即资产的价值应等于其重置成本减去实体性贬值、功能性贬值和经济性贬值后的余额。

在应用成本法时,评估人员需要考虑重新开发或获取相同无形资产所需的成本,包括直接成本、间接成本及合理的利润或费用等。同时,还需要考虑无形资产的实体性贬值、功能性贬值和经济性贬值等因素对其价值的影响。实体性贬值是指由于使用、磨损等原因导致无形资产价值降低;功能性贬值是指由于技术进步等原因导致无形资产性能落后、价值降低;经济性贬值则是指由于市场环境变化等原因导致无形资产价值降低。

成本法的优点在于其评估结果较为客观和可靠,能够反映无形资产的重置成本。然而,成本法的应用也受到一定限制,如无形资产的价值与其成本不完全对应、重置成本的确定存在困难等问题都会影响评估结果的准确性。

此外，成本法通常适用于单项无形资产的评估，对于组合无形资产或整体无形资产的评估则存在一定局限性。

综上所述，市场法、收益法和成本法是3种常用的无形资产评估方法和技术。在实际评估中，应根据无形资产的具体类型、特点和使用情况选择合适的评估方法和技术。同时，还需要考虑评估目的、市场环境、法律法规等因素对评估结果的影响。在必要时，可以综合运用多种评估方法和技术以相互验证和补充，从而提高评估结果的准确性和可靠性。

第五节 合理评估无形资产价值的重要性

无形资产，如品牌、专利、商誉、软件等，已成为现代企业和科研机构的核心资产。这些资产虽不占据物理空间，也不具备物质形态，但它们却能够为企业带来持续的经济利益和市场竞争优势。因此，合理评估无形资产的价值至关重要，其重要性主要体现在以下几个方面。

一、科学决策的基础

准确的评估结果是组织进行科学决策的重要依据。无论是投资决策、并购决策还是合作决策，都需要对无形资产的价值有一个清晰、准确的认识。只有这样，组织才能做出符合自身发展战略和市场环境的决策，避免盲目行动和资源浪费。

例如，在投资决策中，如果无形资产的价值被低估，那么投资者可能会错过一个有潜力的项目；反之，如果无形资产的价值被高估，那么投资者可能会投入过多的资源，导致投资回报率下降。因此，只有合理评估无形资产的价值，才能为投资决策提供可靠的依据。

二、加强无形资产管理的需要

合理的评估结果有助于组织加强无形资产管理，提高无形资产的利用效率和效益。通过评估，组织可以了解自身无形资产的存量、结构、质量和使用情况，从而制订针对性的管理措施和策略。这不仅可以防止无形资产的流失和浪费，还可以促进无形资产的优化配置和有效利用。

例如，在专利管理方面，通过评估专利的价值和潜在市场前景，企业可以决定是自主开发、转让或许可他人使用，以实现专利价值的最大化。同时，企业还可以根据评估结果调整研发投入和研发方向，提高研发效率和创新能力。

三、增强市场竞争力的手段

准确的评估结果有助于组织树立良好的形象，增强市场竞争力。在现代商业环境中，无形资产已成为企业核心竞争力的重要组成部分。一个拥有众多高价值无形资产的企业往往能够在市场竞争中占据优势地位，吸引更多的客户和合作伙伴。

通过合理评估并公开披露无形资产的价值，企业可以向外界展示自身的创新能力和市场潜力，提高市场知名度和美誉度。这不仅可以增强企业的品牌效应和客户忠诚度，还可以为企业带来更多的商业机会和合作空间。

综上所述，合理评估无形资产价值对于企业和科研机构等组织具有重要意义。它不仅是科学决策的基础和加强无形资产管理的需要，还是增强市场竞争力的手段。因此，组织应高度重视无形资产评估工作，采用科学、合理的方法和技术进行评估，以确保评估结果的准确性和公正性。

第六节　无形资产保护的措施

一、完善知识产权保护制度

知识产权是无形资产的重要组成部分，包括专利、商标、著作权等。建立健全知识产权保护制度，为无形资产的保护提供法律保障是至关重要的。企业和科研机构应建立专门的知识产权管理机构，负责知识产权的申请、审查、授权和维护工作。这些机构应确保知识产权的合法性和有效性，并及时处理知识产权纠纷和侵权行为。

同时，政府和相关部门也应加强知识产权的立法和执法工作，提高侵权行为的法律成本，形成尊重和保护知识产权的良好氛围。通过完善知识产权保护制度，可以鼓励创新，促进技术进步，维护公平竞争的市场环境。

二、加强保密管理

对于涉及商业秘密和技术秘密的无形资产，保密管理至关重要。企业和科研机构应建立完善的保密管理制度，包括签订保密协议、进行保密审查、开展保密培训等措施。保密协议应明确涉密人员的权利和义务，规定保密期限和违约责任等内容。保密审查应确保涉密信息不被泄露给未经授权的人员。保密培训则应增强涉密人员的保密意识和技能水平。

此外，还需要加强对涉密人员的管理和监督。对于涉及重要无形资产的人员，应进行严格的身份审查和背景调查，确保其可靠性和忠诚度。同时，还需要实施定期或不定期的保密检查，及时发现和处理保密违规行为。

三、建立技术防范体系

针对网络安全和技术泄露等风险，企业和科研机构应建立技术防范体系。这包括加强网络安全防护，采取数据加密、访问控制、入侵检测等技术手段，确保网络系统的安全和稳定。同时，还需要定期对技术防范体系进行检查和评估，及时发现和修复潜在的安全漏洞。

除了网络安全防护外，还需要加强对重要数据和信息的备份和恢复能力。这包括建立异地备份中心、制订应急预案等措施，确保在发生意外情况时能够及时恢复重要数据和信息，保障无形资产的完整性和可用性。

综上所述，加强无形资产保护需要从多个方面入手，包括完善知识产权保护制度、加强保密管理以及建立技术防范体系等。这些措施可以确保无形资产的安全性和稳定性，促进企业和科研机构的可持续发展。

第七节　利用无形资产策略

无形资产作为企业和科研机构的重要资源，其充分利用对于提升组织的核心竞争力和实现可持续发展具有重要意义。以下是一些充分利用无形资产的策略。

一、加强科技成果转化

科技成果转化是将科研成果转化为具有市场竞争力的产品或服务的过程。积极推动科技成果转化和应用，可以加快无形资产的商业化进程，实现其价值。企业和科研机构可以通过与企业合作、技术转让、创办科技企业等方式，将科研成果转化为实际生产力。

在与企业合作方面，可以通过技术许可、技术入股等方式，与产业界建立紧密的合作关系。这不仅可以促进科研成果的商业化应用，还可以为企业带来技术创新和市场竞争力。在技术转让方面，可以通过出售或授权使用专利、商标等无形资产，获取经济回报并推动相关产业的发展。此外，创办科技企业也是实现科技成果转化的一种有效方式，通过自主创新和市场化运作，将科研成果转化为具有市场竞争力的产品或服务。

二、推动产学研合作

产学研合作是高校、科研机构和企业之间紧密合作的一种模式。通过共同研发、人才培养、技术转移等方式，可以实现无形资产的共享和优势互补。推动产学研合作，有助于提升组织的研发能力和创新能力，加速无形资产的积累和转化。

在共同研发方面，可以组建联合研发团队，共同攻克技术难题和开发新产品。这不仅可以降低研发成本和风险，还可以提高研发效率和成功率。在人才培养方面，可以通过校企合作、共建实验室等方式，培养具备创新能力和实践能力的高素质人才。这些人才将成为推动无形资产转化和应用的重要力量。在技术转移方面，可以建立技术转移机构或平台，促进高校和科研机构的技术成果向企业转移和转化。

三、建立无形资产运营平台

无形资产运营平台是一个专门用于管理和运营无形资产的系统或平台。无形资产包括专利、商标、著作权、技术秘密、品牌声誉等，这些都是企业或机构的重要资产，但并不占据物理空间，也不具有物质形态。无形资产运营平台的主要功能包括无形资产的登记、分类、评估、交易、维权等。通过这个平台，企业或机构可以更好地管理和利用自身的无形资产，实现资产价值的最大化。

具体来说，无形资产运营平台可以实现以下目标。

（1）资产管理：平台可以帮助企业或机构对无形资产进行全面的登记和分类，包括资产的类型、权属、状态、价值等信息。这有助于企业或机构清晰地了解自身的无形资产状况，为后续的决策提供依据。

（2）资产评估：平台可以提供专业的评估服务，对企业或机构的无形资产进行价值评估。这有助于企业或机构了解资产的实际价值，为交易、融资等提供依据。

（3）资产交易：平台可以提供一个公开、透明的交易市场，让买卖双方可以在平台上进行无形资产的买卖。这有助于企业或机构实现资产的变现,也可以帮助买家找到合适的无形资产。

(4) 维权服务:平台可以提供法律支持和维权服务,帮助企业或机构维护自身的无形资产权益。例如,当企业或机构的专利或商标被侵权时,平台可以协助进行维权行动。

总的来说,无形资产运营平台是一个综合性的管理和运营系统,旨在帮助企业或机构更好地管理和利用自身的无形资产,实现资产价值的最大化。通过这个平台,企业或机构可以更加专业、系统地处理与无形资产相关的事务,提高运营效率和竞争力。

建立无形资产运营平台是实现无形资产统一管理和运营的重要途径。通过市场化运作,可以实现无形资产的优化配置和价值最大化。无形资产运营平台可以包括专利运营、商标运营、著作权运营等多个方面。

在专利运营方面,可以通过专利许可、专利转让等方式,实现专利技术的商业化应用和价值转化。在商标运营方面,可以通过品牌授权、品牌合作等方式,提升品牌知名度和市场影响力。在著作权运营方面,可以通过版权许可、版权转让等方式,实现著作权的商业化和价值提升。通过建立无形资产运营平台,可以对无形资产进行更加专业化和系统化的管理和运营,提高无形资产的利用效率和效益。

综上所述,充分利用无形资产需要采取多种策略并举的方式。加强科技成果转化、推动产学研合作及建立无形资产运营平台等都是实现无形资产价值的重要途径。这些策略的实施将有助于提升组织的核心竞争力和实现可持续发展。

第八节 资产监管与风险控制

随着科研事业单位资产规模的不断扩大和资产种类的日益增多,资产监管与风险控制成为单位管理工作中不可或缺的一部分。流动资产与无形资产作为单位资产的重要组成部分,其监管与风险控制工作尤为重要。

一、流动资产的监管与风险控制

1. 流动资产监管的必要性

流动资产是单位日常运营中不可或缺的一部分,它们包括现金、银行存款、应收账款、存货等,这些资产具有流动性强、周转速度快的特点。这些特点使得流动资产在单位运营中扮演着极其重要的角色，但同时也带来了相应的监管挑战。因此，流动资产监管的必要性不容忽视。

首先，流动资产监管有助于单位实时掌握资产状况。由于流动资产具有高度的流动性，它们的数量和状态随时都在发生变化。通过实施有效的监管措施，单位可以及时了解流动资产的最新状况，包括资产的数量、质量、使用情况等，从而确保资产的安全完整。这种实时掌握资产状况的能力对于单位做出科学决策、防范财务风险具有重要意义。

其次，流动资产监管有助于单位优化资产配置。在单位运营过程中，不同的流动资产项目具有不同的重要性和紧急性，因此需要根据实际情况进行合理的配置。通过监管，单位可以更加清晰地了解各项流动资产的需求和供给情况，从而根据实际需求进行灵活调整，优化资产配置，提高资产使用效率。这种优化配置的能力有助于单位更好地应对市场变化、提升竞争力。

2. 流动资产监管的风险防范

在单位运营过程中，流动资产的管理和使用往往涉及多个部门和人员，如果缺乏有效的监管机制，很容易出现资产流失、挪用等财务风险。通过实施严格的监管措施，单位可以及时发现并纠正这些风险行为，确保流动资产的安全性和合规性。

综上所述，流动资产监管对于单位正常运转和管理水平提升具有重要意义。通过实时掌握资产状况、优化资产配置、防范财务风险等措施，单位可以更加有效地管理和运用流动资产，为单位的长期稳定发展提供有力保障。同时，建立健全流动资产监管机制也是单位内部控制体系的重要组成部分，有助于提升单位的整体管理水平和风险防范能力。

二、流动资产风险控制措施

流动资产风险控制是确保单位资金安全和高效运用的关键环节。以下是针对流动资产风险的具体控制措施。

1. 加强内部审计

内部审计作为一种自我检查和自我完善的机制，对于发现和管理流动资产风险具有至关重要的作用。具体来说，加强内部审计应从以下几个方面入手。

（1）确立审计目标：内部审计的首要任务是明确审计目标，确保对流动资产的各个方面进行全面而深入的审查。审计目标应包括但不限于资产的完整性、合规性、使用效率等方面。

(2) 制订审计计划：根据审计目标，内部审计部门应制订详细的审计计划，明确审计的时间、范围、方法等，确保审计工作的有序进行。

(3) 实施审计程序：内部审计部门应按照审计计划，采用适当的审计方法和技术，对流动资产的各个环节进行细致的检查。这包括对资产的采购、验收、使用、保管、处置等环节的合规性和有效性进行审查。

(4) 发现并报告问题：在审计过程中，内部审计部门应及时发现并记录存在的问题和风险点，并向相关管理层报告。报告应详细阐述问题的性质、原因、影响及建议的改进措施。

(5) 监督整改情况：内部审计部门还应对发现的问题的整改情况进行持续监督，确保问题得到有效解决，防止类似问题再次发生。

通过加强内部审计，单位可以及时发现流动资产管理中的漏洞和风险点，并采取相应的改进措施，从而提升流动资产管理的水平和效率。

2. 建立风险预警机制

建立风险预警机制是及时发现和控制流动资产风险的重要手段。具体来说，单位可以从以下几个方面建立风险预警机制。

(1) 确定预警指标：单位应根据流动资产的特点和风险点，确定一系列预警指标。这些指标应能够反映流动资产的安全性、流动性、盈利性等方面的情况，如现金比率、应收账款周转率、存货周转率等。

(2) 设定预警阈值：对于每个预警指标，单位应设定相应的预警阈值。当某个指标的数值超过或低于预警阈值时，系统应自动触发预警信号。

(3) 建立实时监测系统：单位应利用信息技术手段建立实时监测系统，对流动资产的各项指标进行实时监测。一旦发现某个指标达到预警阈值，系统应立即发出预警信号，并通知相关人员。

(4) 采取应对措施：当收到预警信号时，相关人员应立即采取应对措施，如分析原因、制订解决方案、调整资产配置等，以控制风险并防止损失扩大。

通过建立风险预警机制，单位可以实时监测流动资产的状况，及时发现并应对潜在风险，从而确保流动资产的安全性和高效运用。

3. 完善管理制度

完善管理制度是降低流动资产风险的基础和前提。单位应从以下几个方面完善流动资产管理制度。

明确职责和权限：单位应明确各部门和人员在流动资产管理中的职责和权限，确保各个环节都有明确的责任主体和操作流程。这有助于避免管理漏洞和责任不清的情况发生。

规范操作流程：单位应制订详细的操作流程和规范，明确流动资产的采购、验收、使用、保管、处置等各个环节的具体步骤和要求。这有助于确保资产管理的规范性和一致性。

定期盘点和清查：为确保流动资产账实相符，单位应定期进行资产的盘点和清查工作。这包括对现金、银行存款进行核对，对应收账款进行清理和确认，对存货进行实地盘点等。通过定期盘点和清查，单位可以及时发现并解决资产流失、账实不符等问题。

加强培训和教育：单位应加强对员工的培训和教育，增强他们的流动资产管理意识和技能水平。这有助于提升员工对资产管理的重视程度，减少因操作失误或管理不善导致的风险发生。

通过完善管理制度，单位可以建立起一套科学、规范、高效的流动资产管理体系，从而有效降低流动资产风险，提升单位的财务管理水平。

三、无形资产的监管与风险控制

1. 无形资产监管的特殊性

无形资产，如专利权、商标权、著作权、商业秘密等，是单位重要的资产组成部分。与有形资产相比，无形资产具有非物质性、独占性、长期性等特点，这些特点决定了其监管的特殊性。

首先，无形资产的非物质性使得其价值难以直接量化。与有形资产如设备、房产等可以通过市场价格、折旧等方法进行价值评估不同，无形资产的价值往往取决于其所能带来的未来经济利益或竞争优势。因此，对无形资产的价值评估需要借助专业的评估机构，采用科学的方法进行评估。这也增加了无形资产监管的难度和复杂性。

其次，无形资产的独占性决定了其在使用过程中需要采取严格的保密措施。许多无形资产如商业秘密、技术秘密等是单位的核心竞争力所在，一旦泄露或被侵权，将对单位造成巨大的经济损失和声誉损害。因此，单位需要建立完善的保密管理制度，对无形资产的保密等级进行划分，明确不同等级资产的保密要求和措施。同时，还需要加强对涉密人员的培训和管理，增强其保密意识和技能水平，防止技术泄露和侵权行为的发生。

最后，无形资产的长期性意味着其监管工作是一项长期而持续的任务。与有形资产相比，无形资产的使用寿命更长，甚至可能伴随单位的整个生命周期。因此，单位需要建立健全的无形资产监管机制，确保监管工作的持续性和有效性。这包括设立专门的监管机构或指定专人负责无形资产的监管工作,建立定期报告制度,要求相关部门定期向监管机构报告无形资产的状况和使用情况等。

2. 无形资产风险控制措施

针对无形资产面临的风险类型,单位应采取相应的风险控制措施。以下是一些常见的风险控制措施。

(1) 加强保密管理:单位应建立完善的保密管理制度,对无形资产的保密等级进行划分,并明确不同等级资产的保密要求和措施。对于核心技术和商业秘密等高度机密的信息,应采取更加严格的保密措施,如加密存储、访问控制等。同时,单位还应加强对涉密人员的培训和管理,增强其保密意识和技能水平。对于违反保密规定的行为,应依法依规进行处理。

(2) 建立技术防范体系:针对技术泄露风险,单位应建立技术防范体系,如加强网络安全管理、采用先进的网络安全技术和设备等,防止外部攻击和内部泄露事件的发生。同时,对于重要的无形资产信息,应采用加密技术进行保护,确保信息在传输和存储过程中的安全性。此外,单位还应定期对技术防范体系进行检查和评估,及时发现和修复潜在的安全漏洞。

(3) 加强法律维权意识:单位应增强法律维权意识,积极申请专利、商标等知识产权保护。通过法律手段维护自身的合法权益,防止侵权行为的发生。当发现侵权行为时,单位应及时采取法律手段进行维权,包括向有关部门投诉、提起诉讼等。同时,单位还应加强对员工的法律知识培训,提高员工的法律意识和维权能力。

四、建立健全无形资产监管机制

为确保无形资产监管工作的有效开展,单位应建立健全无形资产监管机制。这包括以下几个方面。

(1) 设立专门的监管机构或指定专人负责无形资产的监管工作:监管机构或负责人应具备专业的知识和技能,能够全面了解和掌握无形资产的状况和风险情况。同时,还应具备较强的协调能力和执行力,能够推动监管工作的顺利开展。

(2) 建立定期报告制度:要求相关部门定期向监管机构报告无形资产的状况和使用情况。报告内容应包括无形资产的种类、数量、价值、使用情况、存在的问题和风险点等。通过定期报告制度,监管机构可以及时了解无形资产的最新状况和风险情况,为制订风险控制措施提供依据。

（3）加强对无形资产的监督检查和专项审计：监管机构应定期对无形资产进行监督检查和专项审计，确保各项风险控制措施得到有效执行。监督检查和专项审计的内容应包括无形资产的采购、验收、使用、保管、处置等各个环节的合规性和有效性。对于发现的问题和风险点，应及时采取措施进行整改和防范。

综上所述，无形资产监管是单位管理工作中的重要环节。针对无形资产的特点和风险类型，单位应采取相应的监管措施和风险控制策略，确保资产的安全完整和有效利用。同时，单位还应注重提升管理人员的专业素养和责任意识，为资产监管与风险控制工作提供有力保障。通过加强无形资产监管和风险控制工作，单位可以更好地保护自身的核心竞争力，促进科技成果的转化和应用，推动单位的持续健康发展。

第五章 科研事业单位资产监管与评估

第一节 资产监管体系建设与完善

科研事业单位资产监管体系的建设与完善是一项长期而艰巨的任务。通过明确组织架构与职责、完善制度建设、应用信息化手段、加强监督检查及培训与宣传等多个方面的努力，可以逐步建立起一套科学、规范、高效的资产监管体系，为科研事业的顺利发展提供有力保障。在未来的工作中，科研事业单位应继续关注和学习先进的资产管理理念和方法，不断优化和完善自身的资产监管体系。

科研事业单位是我国科技创新领域的中坚力量，其资产的安全、完整与高效使用直接关系科研活动的顺畅进行。随着科研领域的快速发展，事业单位资产规模持续扩大，资产种类日益丰富，因此，如何有效管理和监管这些资产，确保其安全、完整和高效使用，已成为科研事业单位面临的重要课题。资产监管体系的建设与完善，不仅关乎科研活动的正常进行，更与科研事业单位的长远发展紧密相连。

首先，为确保资产监管工作的高效推进，必须构建合理的组织架构，明确各岗位职责。科研事业单位应设立专门的资产管理部门，负责制定资产管理政策，监督执行情况，确保资产管理工作的有序开展。同时，各业务部门也须明确资产管理的责任人，负责日常的资产管理工作，与资产管理部门保持紧密沟通与合作。通过明确的职责划分，可以有效地避免资产管理过程中出现的职责重叠或管理漏洞。

其次，建立完善的资产管理制度是保障资产安全、完整和高效使用的基础。科研事业单位应依据国家法律法规和单位实际情况，制订涵盖资产采购、验收、使用、维护、报废等全过程的规章制度。同时，为确保资产的账实相符，还应建立定期的资产清查和盘点制度，及时发现并处理资产盘盈、盘亏等问题。对于需要报废或处置的资产，应建立完善的评估机制，确保资产的合理处置和有效利用。

在信息化手段应用方面，科研事业单位应积极探索资产管理信息化建设路径。通过引入先进的资产管理软件，实现资产信息的实时录入、查询、统计和分析，提高资产管理的效率和准确性。同时，利用物联网技术，实现对资产的实时监控和追踪，为资产管理提供有力支持。此外，建立统一的数据平台和接口标准，实现各部门之间资产信息的实时共享和更新，有助于提升资产管理的协同性和效率。

在监督与检查方面，科研事业单位应强化内部审计和外部监督机制。通过定期开展内部审计和检查，发现资产管理过程中存在的问题和漏洞，及时提出改进措施。同时，邀请相关领域的专家或第三方机构对单位的资产管理情况进行评估和审查，以获取更为客观和专业的意见和建议。对于资产管理过程中出现的违规行为或失职渎职情况，应依法依规追究相关责任人的责任，以维护资产管理的严肃性和权威性。

最后，加强资产管理培训和宣传力度也是提升资产管理水平的重要途径。通过定期组织培训活动，提高全员对资产管理和监管的认识和重视程度。同时，利用多种渠道加大宣传力度，提高全员对资产管理的关注度和参与度，共同推动科研事业单位资产管理工作不断向前发展。

总之，科研事业单位资产监管体系的建设与完善是一项系统性、长期性的工作。通过明确组织架构与职责、完善制度建设、应用信息化手段、加强监督检查及培训与宣传等多方面的努力，可以逐步建立一套科学、规范、高效的资产监管体系，为科研事业的顺利发展提供有力保障。在未来工作中，科研事业单位应继续关注和学习先进的资产管理理念和方法，不断优化和完善自身的资产监管体系。

第二节 资产评估方法与程序研究

资产评估作为科研事业单位资产管理中的关键环节，其方法和程序的科学与否直接影响评估结果的准确性和公正性。在科研事业单位的运营过程中，资产管理是一项至关重要的工作。而资产评估作为资产管理的重要组成部分，其目的在于对单位所持有的资产进行全面、客观的价值衡量，为决策提供可靠依据。因此，探讨和研究资产评估方法与程序，对于提高科研事业单位的资产管理水平具有重要意义。

一、资产评估方法概述

资产评估方法是指根据资产的性质、特点和使用状况等因素，选用合适的评估技术和手段，对资产价值进行科学衡量的过程。常用的资产评估方法主要包括市场法、收益法和成本法。对于特殊类型的资产，还可以采用专家评估法、类比法等方法进行评估。

二、资产评估程序规范化设计

为确保资产评估工作的有序开展和评估结果的准确性、公正性，特制定一套严谨的资产评估程序。该程序包含以下关键步骤。

1. 明确评估目的

在进行资产评估之前，首要任务是明确评估的具体目的，如资产转让、抵押贷款或投资决策等。评估目的的不同将直接影响评估方法的选择和评估结果的运用。

2. 确定评估范围

根据已明确的评估目的，精确界定需要评估的资产范围，涵盖资产类型、数量及地理位置等。评估范围的确定必须全面、准确，不得遗漏任何重要资产。

3. 选择评估方法

根据被评估资产的特性、使用状况等因素，科学选取适合的评估方法以衡量其价值。在选择评估方法时，须充分考量方法的适用性和可操作性，确保评估结果的准确性和可靠性。

4. 收集和分析数据

根据所选评估方法的要求，全面、客观地收集和分析与评估相关的数据和信息，如市场交易数据、收益预测数据、成本构成数据等。数据的收集和分析必须确保真实性和可信度，以反映被评估资产的真实价值状况。

5. 形成评估结论

基于收集和分析的数据，运用所选评估方法进行计算和分析，得出初步的评估结论。该结论必须客观、公正地反映被评估资产的价值状况。

6. 审核和公示评估结果

为确保评估结果的准确性和公正性，必须对初步评估结论进行审核和复核。审核过程中应重点关注评估方法的合理性、数据的真实性和计算过程的准确性等方面。审核通过后,将评估结果进行公示,接受各方面的监督和质疑。

三、优化资产评估工作的建议

为提升科研事业单位的资产管理水平,优化资产评估工作至关重要。为此,提出以下建议。

(1) 加强制度建设:建立健全资产评估相关的规章制度和操作指南,确保评估工作的规范化和标准化。

(2) 提升人员素质:加强资产评估人员的专业培训和素质提升工作,同时引入具有丰富经验和专业知识的外部专家参与评估工作。

(3) 强化信息化手段应用:积极运用现代信息技术手段优化资产评估工作流程和提高工作效率。

(4) 加强监督与考核:建立健全资产评估工作的监督与考核机制,确保评估结果的准确性和稳定性。

通过实施上述规范化的评估程序和科学的方法选择,可以有效提高资产评估工作的准确性和公正性,为科研事业单位的资产管理决策提供有力支持。在未来的工作中,须持续关注和学习先进的资产评估理念和技术手段,不断优化和完善自身的资产评估体系。

四、监管绩效评估与激励机制设计

在科研事业单位中,资产监管是确保资产安全、完整和高效使用的重要环节。为了提高资产监管的效率和效果,必须建立科学的监管绩效评估体系,并设计合理的激励机制。

1. 监管绩效评估

绩效评估指标,作为衡量资产监管工作成效的量化或质性基准,其设定必须紧密围绕资产监管的核心目标与要求,确保所设定的指标既具有针对性,又具备可操作性和明确的可衡量性。在实践中,常用的绩效评估指标主要包括以下几种。

(1) 资产安全率:用于反映资产在监管流程中的安全程度,可通过统计资产损失的次数和金额等具体数据来衡量。

(2) 资产完整率:体现资产的完整性和保管状态,可通过盘点差异率、资产报废率等关键指标进行评估。

（3）资产使用率：用于衡量资产的使用效率和效益，可通过资产周转率、闲置资产比例等数据进行评价。

此外，根据资产监管工作的具体需要，还可以设置如资产维护成本比率、资产增长率、资产更新率等相关指标，以便更全面、系统地反映资产监管的绩效情况。

2. 绩效评估方法选择

在选择评估方法时，应采取定量与定性相结合的策略。定量评估侧重于通过数据和统计分析来客观反映绩效水平，而定性评估则更注重对监管过程中的管理行为、制度执行等方面进行深入剖析。

（1）定量评估方法：包括但不限于比率分析、趋势分析、差异分析等，这些方法通过对比历史数据、行业标准或预设目标，为绩效评估提供客观依据。

（2）定性评估方法：如问卷调查、专家评审、案例分析等，这些方法通过收集多方面的意见和建议，为综合评价监管工作的成效提供有力支持。

3. 激励机制设计

激励机制在资产监管工作中占据重要地位，是激发和保持员工工作积极性和创造性的关键手段。为优化资产监管效能，设计一套科学合理的激励机制至关重要。

对于在资产监管工作中表现卓越的部门和个人，应给予适当的奖励和激励。这些奖励不仅形式多样，而且各有其独特意义。例如，物质奖励，如奖金和奖品，能够直接展现对员工工作成果的肯定和赞赏；荣誉证书和表彰决定，则能提升员工的荣誉感和归属感，激发其工作热情；晋升机会，则为优秀员工提供了更广阔的发展空间和职业发展机会，进一步激发其潜能。

同时，对于在资产监管工作中表现不佳的部门和个人，也必须采取相应的惩罚措施，以起到警示和纠正作用。这些惩罚措施须确保公正、合理，并严格遵循相关法律法规。常见的惩罚措施包括经济处罚，如罚款和扣发奖金，直接体现对员工违规行为的惩戒；通报批评，则通过公开曝光违规行为，提醒其他员工引以为戒；对于严重失职或违规的员工，还可采取降职或调岗等更为严肃的处理措施，以彰显对违规行为的零容忍态度。

4. 实施与改进

在落实监管绩效评估及激励机制之际，有以下几点至关重要。

首先，务必保障公平公正。评估准则与奖惩措施应公开、公正、公平，确保所有员工在同等条件下接受评估并获得相应的奖惩。

其次，及时提供反馈并进行调整。定期向员工反馈绩效评估结果及奖惩情况，并根据员工的反馈和实际情况，灵活调整和优化评估与激励机制。

最后，应致力于持续改进与提升。基于绩效评估结果和激励机制的实际效果，不断总结经验，吸取教训，持续进行改进与优化，以促进资产监管工作的长足发展。

综上所述，建立科学的监管绩效评估体系，并设计合理、有效的激励机制，对于提升科研事业单位资产监管的效率和效果具有至关重要的作用。通过明确绩效评估的具体指标，选择恰当的评估方法，以及制定公正的奖惩机制，可以有效激发员工的工作热情和创造力，从而提升资产监管的整体水平。

第三节　资产流失风险防范与治理策略

资产流失是科研事业单位在资产管理环节面临的关键风险，它不仅对单位的日常运营和科研活动产生直接冲击，还可能对单位的声誉和长期发展带来不可逆的损害。因此，有效防范和治理资产流失风险，对于保障科研事业单位的资产安全、完整和高效使用具有至关重要的意义。这不仅关乎单位资产的完整与安全，更直接关系科研活动的顺利进行和单位的稳健发展。为此，必须对资产流失风险的防范工作给予高度重视，通过建立完善的风险管理体系和持续加强内部监管，确保单位资产的安全无虞，为科研事业提供坚实保障。

一、风险识别与评估

风险识别与评估是防范和治理资产流失风险的基础工作。科研事业单位应定期对资产管理过程中可能出现的流失风险进行识别和评估，以明确风险来源、风险等级和可能造成的损失。

二、风险来源识别

风险来源主要包括人为因素、制度缺陷、技术漏洞等方面。人为因素涉及管理人员的职业道德风险、操作失误等；制度缺陷可能表现为管理制度不完善、执行不严格等；技术漏洞则可能涉及信息系统安全、数据加密等方面。

三、风险等级评估

在识别风险来源的基础上，需要对各类风险进行等级评估。评估时应综合考虑风险发生的可能性、影响范围、损失程度等因素，以确定不同风险的优先级和处理策略。

四、风险防范措施制定

根据风险识别和评估结果，科研事业单位应制订针对性的风险防范措施，以降低资产流失风险的发生概率和影响程度。这包括以下几种。

（1）加强职业道德教育：通过定期开展职业道德教育活动，提高资产管理人员的法律意识和职业操守，降低人为因素导致的资产流失风险。

（2）完善资产管理制度和流程：对现有的资产管理制度和流程进行全面梳理和修订，确保各项制度既符合法律法规要求，又能满足单位实际管理需要。同时，加强对制度执行情况的监督和检查，确保各项制度得到有效执行。

（3）强化技术防范措施：加强信息系统安全建设，采用先进的数据加密技术和安全防护手段，确保资产信息的安全性和完整性。此外，定期对信息系统进行漏洞扫描和安全测试，及时发现并修复潜在的安全隐患。

五、风险应对机制建立

尽管采取了各种防范措施，但资产流失风险仍然难以完全避免。因此，科研事业单位还需要建立完善的风险应对机制，以便在发生资产流失事件时能够及时、有效地应对。这包括以下几个方面。

（1）应急预案制订：根据可能发生的资产流失事件类型和等级，制订相应的应急预案。预案应明确应急响应流程、责任人、联系方式等信息，确保在紧急情况下能够迅速启动应急响应程序。

（2）风险处置流程明确：对于已经发生的资产流失事件，应明确风险处置流程，包括事件报告、调查核实、风险评估、处置决策等环节。通过规范化的处置流程，确保事件得到妥善处理并降低损失程度。

（3）责任追究机制建立：对于因管理不善、违规操作等原因导致的资产流失事件，应依法依规追究相关责任人的责任。通过严格的责任追究机制，增强管理人员的责任意识和风险意识。

六、监督与检查加强

为确保各项风险防范和治理措施得到有效执行并取得预期效果，科研事业单位还需要加强对资产管理过程的监督和检查。这包括以下几种。

（1）定期开展专项检查：针对资产管理中的重点领域和关键环节，

定期开展专项检查活动。通过实地查看、查阅资料、询问当事人等方式,深入了解资产管理情况并发现存在的问题。

(2) 加强日常监督:在日常工作中加强对资产管理人员的监督和管理,确保其严格按照制度和流程进行操作。同时,鼓励员工积极参与监督工作,对于发现的违规行为或管理漏洞应及时进行举报和纠正。

(3) 整改与纠正:对于监督和检查过程中发现的问题,应要求相关部门和人员进行整改和纠正。对于整改不到位或拒不整改的情况,应采取进一步的处理措施以确保问题得到彻底解决。

综上所述,科研事业单位在防范和治理资产流失风险方面应采取多种策略并举的方式。通过风险识别与评估明确风险状况;通过制订针对性的防范措施降低风险发生概率;通过建立完善的风险应对机制确保及时有效应对风险事件;最后通过加强监督和检查确保各项措施得到有效执行并取得预期效果。

第四节 资产管理信息化概述与发展趋势

随着信息技术的不断进步和科研事业单位对资产管理效率要求的日益提高,资产管理信息化已成为现代科研事业单位不可或缺的一部分。资产管理信息化不仅是对传统资产管理方式的革新,更是推动科研事业单位向数字化、网络化、智能化和集成化方向发展的重要力量。

一、资产管理信息化基本概念

资产管理信息化是指利用现代信息技术手段,对资产管理的各个环节进行系统化、网络化、智能化的处理,以提高资产管理效率、降低管理成本、优化资源配置的过程。它涉及资产信息的采集、存储、处理、传输和应用,旨在实现资产信息的实时更新、准确查询和有效利用。

二、资产管理信息化发展历程

随着信息技术的不断发展和应用,资产管理信息化也经历了从简单到复杂、从局部到全局的演变过程。大致可以分为以下几个阶段。

(1) 手工管理阶段:早期的资产管理主要采用手工方式进行,如纸质台账、卡片等,效率低下且容易出错。

(2) 单机管理阶段：随着计算机技术的普及，一些单位开始使用单机版的资产管理软件，实现了资产信息的电子化存储和查询。

(3) 网络化管理阶段：随着互联网技术的发展，资产管理逐渐实现了网络化，可以实现远程访问、数据共享和协同工作。

(4) 智能化管理阶段：近年来，随着物联网、大数据、人工智能等技术的兴起，资产管理开始向智能化方向发展，可以实现自动识别、智能分析、预警预测等功能。

三、资产管理信息化在科研事业单位中的应用

科研事业单位作为国家科技创新的重要力量，拥有大量的科研设备和资产。资产管理信息化在科研事业单位中的应用主要体现在以下几个方面。

(1) 资产清查与盘点：通过扫描设备标签或输入设备信息，快速准确地完成资产清查和盘点工作，避免了手工操作的烦琐和易错。

(2) 资产配置与调拨：根据科研需求和项目进展，实时掌握各实验室、课题组的设备配置情况，实现资产的合理调拨和优化配置。

(3) 资产使用与监管：通过资产管理信息化平台，实时监控设备的使用状态、运行情况和维护记录，确保设备的正常运行和有效利用。

(4) 数据分析与决策支持：利用大数据技术对资产信息进行挖掘和分析，为科研决策、预算编制和绩效评估提供有力支持。

四、资产管理信息化的发展趋势

(1) 数字化：随着信息技术的不断发展，资产管理将越来越依赖于数字化手段。数字化不仅可以实现资产信息的快速录入和查询，还可以支持更加复杂的数据分析和处理。未来，科研事业单位的资产管理将更加注重数字化技术的应用，如电子标签、扫描识别等。

(2) 网络化：网络化是实现资产管理信息化的重要手段之一。通过网络化技术，可以实现资产信息的实时共享和协同工作，加强部门之间的沟通和协作。未来，科研事业单位的资产管理将更加注重网络化技术的应用，如云计算、物联网等，以实现更加高效、便捷的资产管理服务。

(3) 智能化：智能化是资产管理信息化发展的重要方向之一。通过引入人工智能、机器学习等先进技术，可以实现资产管理的自动化和智能化处理。未来，科研事业单位的资产管理将更加注重智能化技术的应用，如智能分析、智能预警等，以提高资产管理的智能化水平。

(4) 集成化：随着科研事业单位对资产管理要求的不断提高，资产管理信息化将越来越注重集成化发展。集成化是指将多个独立的资产管理系统或功能整合在一起，形成一个统一、高效的资产管理平台。未来，科研事业单位的资产管理将更加注重集成化技术的应用，以实现更加全面、细致的资产管理服务。同时，集成化还可以促进不同系统之间的数据共享和协同工作，提高资产管理的整体效率和质量。

综上所述，资产管理信息化是科研事业单位提升资产管理水平、提高资产使用效率的重要手段。随着信息技术的不断发展和普及，资产管理信息化将呈现数字化、网络化、智能化和集成化的发展趋势。科研事业单位应积极拥抱这些变化，加强信息技术在资产管理中的应用和创新发展，为科研事业提供有力保障和支持。

第五节　资产管理信息化平台建设与应用

随着科研事业单位对资产管理效率和使用效益要求的不断提高，资产管理信息化平台的建设与应用已成为提升单位资产管理水平的关键。资产管理信息化平台通过整合信息技术和资产管理业务，为科研事业单位提供了一个全面、高效、智能的资产管理解决方案。以下将详细介绍资产管理信息化平台的建设与应用。

一、资产管理信息化平台建设

1. 硬件基础设施建设

资产管理信息化平台的硬件基础设施建设是整个平台运行的基础。这包括服务器、存储设备、网络设备、安全设备等硬件设备的选型、配置和部署。在建设过程中，需要考虑平台的性能要求、可扩展性、安全性等因素，确保硬件设施能够满足平台的运行需求。同时，还需要建立完善的硬件设施维护和管理制度，确保设施的稳定运行和数据的安全可靠。

2. 软件系统开发

软件系统是资产管理信息化平台的核心组成部分。在开发过程中，需要根据科研事业单位的实际需求，设计合理的软件架构和功能模块。这包括资产管理模块、数据分析模块、决策支持模块等。资产管理模块需要实现资产信息的实时录入、查询、统计和分析等功能；数据分析模块需要利用数据挖掘和数据分析技术，对资产数据进行深入分析，发现潜在问题和改进空间；决策支持模块需要根据分析结果，为单位提供科学的决策支持。同时，在开发过程中，还需要注重软件系统的易用性、稳定性和安全性，确保用户能够方便、快捷地使用平台。

3. 数据安全保障

数据安全保障是资产管理信息化平台建设的重要环节。在平台建设过程中，需要建立完善的数据安全保障体系，包括数据加密、访问控制、数据备份恢复等措施。同时，还需要定期对平台进行安全漏洞扫描和风险评估，及时发现和修复安全漏洞，确保平台的数据安全。

二、资产管理信息化平台应用

通过资产管理信息化平台，科研事业单位可实时进行资产信息的录入、查询、统计与分析。平台具备便捷的录入界面与查询功能，使用户能随时随地处理资产信息。同时，平台支持多种统计与分析方式，如报表生成与图表展示，为用户提供直观的资产状况与使用效益概览。

1. 全流程在线管理

资产管理信息化平台支持资产采购、验收、使用、调拨、处置等全流程的在线管理。用户可通过平台提交采购申请、进行验收登记、办理使用手续、申请调拨或处置等。平台还提供流程审批与监控功能，确保流程规范、高效。在线管理能显著提升资产管理的效率与准确性，降低人为错误与延误。

2. 数据分析与决策支持

资产管理信息化平台具备强大的数据分析与决策支持功能。通过对资产数据的深入挖掘与分析，能发现潜在问题与改进空间，为科研事业单位提供科学决策依据。例如，平台可根据历史数据预测未来资产需求与使用情况，协助单位制订合理的资产配置与使用计划。同时，平台还能对不同类型资产进行比较分析，为优化资产结构与降低运营成本提供参考。

3. 促进部门间沟通与协作

资产管理信息化平台有助于促进部门间的沟通与协作。通过信息共享与协同工作功能，各部门可及时了解其他部门资产状况与使用需求，加强沟通与协作。这有助于消除"信息孤岛"、减少重复工作，提高单位整体工作效率与质量。

综上所述，资产管理信息化平台的建设与应用对提升科研事业单位资产管理水平具有重要意义。通过平台的建设与应用，可实现资产信息的实时录入、查询、统计与分析；支持资产采购、验收、使用、调拨、处置等全流程的在线管理；提供数据分析与决策支持功能；促进部门间沟通与协作。这将有助于提高资产管理效率与使用效益，为单位的创新发展与科研事业提供有力保障。同时，随着信息技术的不断进步，资产管理信息化平台将持续升级与完善，为科研事业单位提供更加全面、高效、智能的资产管理服务。

第六节 信息化在资产管理流程优化中的作用

随着信息技术的迅猛发展，信息化已成为科研事业单位优化资产管理流程、提升管理效率的关键手段。信息化在资产管理流程优化中扮演着不可或缺的角色，通过自动化、智能化等技术，不仅简化了管理流程，还提高了管理的精确性和效率。下面将详细阐述信息化在资产管理流程优化中的三大作用。

一、简化资产管理流程

传统的资产管理流程往往涉及大量手工操作和纸质文档，效率低下且易于出错。而信息化的引入，借助自动化和智能化手段，能够简化烦琐流程，减少人工干预和错误。

例如，通过资产管理信息化平台，可以实现资产信息的实时录入、查询和更新。工作人员只需在平台上输入相关信息，系统便能自动完成数据存储、处理和输出，大幅减少手工录入的工作量。同时，平台还提供智能化的数据校验和提醒功能，确保录入信息的准确性和完整性。

此外，信息化还能推动资产管理流程的标准化和规范化。通过预设流程和规则，系统可自动引导工作人员完成操作，确保流程规范一致。这不仅能提升管理效率，还能降低人为因素导致的流程差异和错误。

二、实现资产信息的实时共享与协同工作

传统的资产管理模式中，各部门间存在"信息孤岛"现象，导致资产信息无法及时共享和协同。信息化的应用能打破这一壁垒，实现资产信息的实时共享与协同工作。

通过资产管理信息化平台，各部门可实时查看和更新资产信息，确保信

息准确一致。平台还提供协同工作功能,支持多部门、多用户在线操作,实现真正的协同工作。这不仅能提高工作效率,还能加强部门间的沟通与协作。

同时,信息化还能实现资产信息的可视化展示。通过图表、报表等形式,将复杂的资产数据直观展现,帮助管理人员更好地了解资产状况和使用效益。这有助于管理人员及时发现潜在问题和改进空间,为决策提供有力支持。

三、提供丰富的数据分析和可视化工具

信息化在资产管理流程优化中的另一个重要作用是提供丰富的数据分析和可视化工具。这些工具可助管理人员深入挖掘资产数据价值,发现潜在问题和改进空间。

例如,通过数据分析工具,可对资产数据进行多维度分析和比较,如按时间、部门、类型等。这有助于管理人员全面了解资产的使用、配置和损耗情况,为制订更合理的资产管理策略提供依据。

此外,可视化工具可将分析结果以图表、地图等形式直观展现,帮助管理人员更直观地了解资产分布和使用情况。这有助于管理人员及时发现异常和潜在风险,并采取措施干预和调整。

同时,信息化还提供智能化的预警和预测功能。通过对历史数据的分析和挖掘,系统可预测未来一段时间的资产需求和使用情况,为管理人员提供科学决策支持。当某项指标达到或超过预警阈值时,系统可自动触发预警提醒,确保管理人员及时发现问题并处理。

综上所述,信息化在资产管理流程优化中发挥着重要作用。通过简化流程、实现信息共享与协同工作、提供丰富的数据分析和可视化工具等手段,信息化可帮助科研事业单位提高资产管理效率和使用效益。随着信息技术的持续发展与进步,信息化在资产管理中的应用将不断拓展和深化,为科研事业单位的创新发展和科研事业提供更加全面、高效、智能的支持。

四、信息化在资产管理流程优化中的具体实施步骤和注意事项

信息化在资产管理流程优化中的作用越发重要,但要实现其有效落地与预期成效,需遵循一定的实施步骤和注意事项。具体步骤如下。

1. 需求分析

深入调研现有资产管理流程中存在的不足和实际需求。

与各部门充分沟通，明确信息化改造的具体目标和期望效果。

2. 系统选型或开发

根据需求分析结果，选择适合的资产管理信息化系统或进行定制化开发。

确保所选系统或开发成果具备资产录入、查询、统计、分析等核心功能模块。

3. 数据迁移与接口对接

将旧系统中的数据完整、准确地迁移至新系统。

实现新系统与现有其他系统的顺畅接口对接，保障数据互通。

4. 培训与上线

对相关人员进行系统操作培训，确保其能够熟练、准确地使用新系统。

在各项准备工作就绪后，正式启动新系统。

5. 持续监控与优化

定期对系统运行状况进行监控，确保系统稳定、数据安全。

收集用户反馈，持续优化系统功能和操作流程。

6. 注意事项

(1) 确保数据安全性：在数据迁移、存储和处理过程中，应采取加密、备份等安全措施；严格控制数据访问权限，确保敏感数据仅由授权人员访问。

(2) 注重用户体验：在系统设计和开发过程中，应充分考虑用户操作习惯和需求；提供简洁、直观的操作界面和用户友好的提示信息。

(3) 保持系统灵活性：考虑到未来可能的变化和扩展需求，系统应具备一定的灵活性和可扩展性；预留接口和配置选项，以便未来能够轻松进行系统升级或功能扩展。

(4) 建立长效维护机制：设立专门的维护团队或指定维护人员，负责系统的日常维护和问题处理；定期进行系统维护和更新，确保系统始终处于最佳状态。

(5) 强化培训与支持：提供充分的培训资源和支持服务，帮助用户快速掌握系统操作技巧；建立用户社区或在线帮助平台，便于用户间的交流和问题解决。

(6) 持续收集反馈并改进：定期收集用户对系统的意见和建议，及时发现并改进问题；根据用户反馈和市场变化，持续优化系统功能和服务质量。

第七节　资产管理信息化发展的挑战与对策

随着信息技术的日新月异，资产管理信息化已成为科研事业单位提升管理效率、保障资产安全的关键手段。然而，在这一进程中，也伴随着多重挑战。本节将从数据安全风险、系统整合难度、人员技能不足等维度进行深入剖析，并提出相应的应对策略，以期为科研事业单位资产管理信息化的稳健发展提供有益参考。

一、数据安全风险

资产管理信息化涉及资产信息、财务信息、人员信息等敏感数据。数据泄露或非法篡改将给科研事业单位带来严重损失。同时，网络攻击手段的不断演进加剧了数据安全风险。

二、系统整合难度

在资产管理信息化过程中，科研事业单位需整合财务系统、采购系统、库存系统等多个系统。各系统间数据格式、接口标准的差异增加了整合难度。此外，业务的发展也带来了系统升级和维护的额外成本和工作量。

三、人员技能不足

资产管理信息化要求相关人员具备信息技术知识和技能。然而，目前部分科研事业单位人员在这方面存在短板，影响了资产管理信息化的效能发挥。新技术的不断涌现也对人员技能更新和提升提出了挑战。

面对资产管理信息化发展的挑战，科研事业单位应采取有效对策加以应对。通过加强数据安全管理和风险控制措施、制订系统整合方案和标准化规范、加强人员培训和技能提升工作，以及积极引进新技术和新方法等措施推动资产管理信息化的健康发展，同时，保持对外部环境变化的敏感性，及时调整和优化资产管理信息化策略，以适应新的形势和需求。展望未来，随着信息技术的不断进步和应用领域的不断拓展，资产管理信息化将迎来更加广阔的发展空间和机遇，科研事业单位应紧抓机遇，积极应对挑战，不断提升资产管理信息化的水平和质量，为科研事业的持续发展提供有力保障。

第六章 科研事业单位资产管理综合改进与优化

第一节 资产管理改革的必要性与紧迫性

随着科研事业单位在国家科技创新体系中的核心作用日益凸显,其资产规模和管理要求也呈现出前所未有的增长。资产管理,作为科研事业单位运营管理的关键环节,其改革与创新的必要性及紧迫性日益受到广泛关注。以下将从适应体制机制改革、提高管理效能、防范风险与保障资产安全3个方面,对资产管理改革的必要性与紧迫性进行深入剖析,以期为推动科研事业单位资产管理改革提供理论支撑和实践指导。

一、适应科研事业单位体制机制改革的必然要求

科研事业单位正经历着向市场化、企业化转型的重要阶段,这一转变要求单位内部的管理机制、运营模式等都必须进行相应的调整。资产管理作为单位运营不可或缺的一环,其管理理念、方式和方法也须与市场化、企业化转型保持同步。传统的以行政手段为主导的资产管理模式已不再符合市场化运作的实际需求,迫切需要向精细化、科学化的资产管理模式转变。

科研事业单位的体制机制改革对资产管理提出了新的挑战和要求。一方面,资产管理需要更加注重效益和效率,实现资产的优化配置和高效利用,以满足科研事业单位发展的需求;另一方面,资产管理也需要更加规范、透明,建立健全的内部控制体系和监督机制,确保资产的安全和完整。这些新的要求迫使资产管理必须进行深入的改革和创新,以适应体制机制改革的需求,为科研事业单位的转型和发展提供有力的保障。

二、提高科研事业单位管理效能的重要途径

1. 优化资源配置,提升使用效率

传统的资产管理模式在资源配置和使用效率方面常显不足。为应对这些问题,须推动改革与创新,以构建更为科学和合理的资源配置机制。此举旨在实现资产的优化配置和高效利用,从而全面提升科研事业单位的整体运营水平,并为单位创造更大的经济效益与社会效益。

2. 降低管理成本,增强服务质量

资产管理改革同样有助于降低管理成本并提升服务质量。通过采纳先进的管理理念和技术手段,推动资产管理的信息化和智能化,进而提升管理效率和服务质量。这不仅有助于降低单位的管理成本,还能为科研人员提供更加便捷和高效的服务支持。

三、防范风险与保障资产安全的迫切需要

1. 风险防控体系的建立

随着科研事业单位资产规模的不断扩张,相伴而来的资产风险也在逐步上升。这些风险可能源于内部管理的不完善、外部环境的市场波动、技术更新迭代等多重因素。传统的资产管理模式在应对复杂多变的风险环境时,往往显得捉襟见肘,缺乏有效的风险防控机制。因此,为确保资产安全,加强资产管理改革并建立全面的风险防控体系显得尤为重要。

2. 内控制度的健全

内控制度作为单位内部管理的核心组成部分,对于防范风险、保障资产安全具有举足轻重的作用。然而,传统的资产管理模式在内控制度的建设上往往存在不足,如制度不健全、执行不力等问题。通过深化改革和创新实践,可以构建完善的内控制度体系,明确各项管理职责与权限,确保管理活动的规范化和合法化。这不仅有助于防范内部风险,更能为单位的资产安全提供坚实保障。

综上所述,资产管理改革是科研事业单位在新形势下适应发展需求、提升管理效能、防范风险与保障资产安全的必由之路。唯有通过深入改革与创新,才能建立起更加科学、规范、高效的资产管理体系,为科研事业单位的可持续发展提供坚实支撑。同时,各单位须结合自身实际情况,积极探索符合自身特点的资产管理改革路径与方法,推动资产管理工作的持续进步与完善。

第二节　资产管理改革的思路与目标设计

在新形势下，科研事业单位的资产管理改革势在必行。改革的总体思路是紧跟时代步伐，以市场化、企业化为导向，追求精细化管理、科学化的目标，并借助信息化、智能化的先进手段，全面提升科研事业单位资产管理水平，以适应单位发展需求，提高管理效率和资产使用效益。

一、改革思路

市场化、企业化导向，意味着资产管理改革须采纳企业管理的先进理念和经验，融入市场竞争机制，强化效益观念，注重资产的保值增值。通过市场化运作，实现资产的优化配置和高效利用，提升资产的使用效率和效益。同时，资产管理需与市场需求、产业发展紧密相连，推动科研成果的转化和应用。

精细化管理、科学化目标，强调对资产管理过程中的每一环节进行精细控制和优化，确保资产的安全、完整和有效使用。资产管理必须遵循科学规律，运用科学方法和手段进行决策、计划、组织和控制。通过精细化管理和科学化的目标设定，推动资产管理工作的规范化、标准化和专业化，提升管理水平和效率。

信息化、智能化手段是实现资产管理改革目标的关键支撑。运用现代信息技术手段，如物联网、大数据、人工智能等，实现资产信息的实时更新、动态监控和智能分析。这不仅能提高管理效率和决策水平，还能降低管理成本，减少人为错误和舞弊行为。同时，信息化、智能化手段推动资产管理与其他管理系统的集成和共享，实现信息的互联互通和协同工作。

二、具体目标

建立与现代科研事业单位发展需求相契合的资产管理体系，首要任务是明确资产管理职责、完善管理制度，并构建科学、规范、高效的管理运行机制。同时，资产管理与科研活动的紧密结合也至关重要，以确保资产能满足科研需求并实现最大化效益。

资产管理与预算管理、财务管理等环节的深度融合与协同配合是改革的关键所在。强化资产管理与预算管理的衔接，保证资产配置与单位发展目标的匹配性；加强资产管理与财务管理的联动，提高预算执行的精准性与效率，并推动单位内部管理工作的协同优化。

为推动资产管理向信息化、智能化转型升级，应积极利用现代信息技术手段，实现资产信息的实时更新、动态监控及智能分析。这不仅有助于提升管理效率与决策水平，还能为单位创造更多的经济与社会价值。同时，必须强化信息安全保护和数据备份工作，保障信息系统的稳定与安全运行。

随着资产规模的不断扩大和复杂性的增加，资产风险防控和内控制度建设的重要性日益凸显。通过建立健全的风险识别、评估、监控和处置机制，以及完善的内部控制制度体系，确保资产的安全运作和有效使用。同时，及时发现并纠正管理过程中的漏洞与问题，防范各类风险和损失的发生。

综上所述，资产管理改革的思路与目标设计以市场化和企业化为导向，致力于通过精细化管理、科学化目标以及信息化、智能化手段的全面应用，提升科研事业单位资产管理水平。实现这些目标需要单位内部各部门的协同合作与外部环境的支持保障，共同推动科研事业单位的健康、持续发展。

第三节 资产管理创新的实践与探索

随着科研事业单位的发展和管理要求的提升，资产管理创新成为推动单位持续健康发展的重要动力。在资产管理改革的过程中，科研事业单位进行了许多有益的创新实践和探索，涉及管理模式、配置方式、处置方式和管理手段等多个方面。以下将对这些创新实践和探索进行详细介绍。

一、创新资产管理模式

传统的资产管理模式多以行政手段为主导，缺乏必要的灵活性和激励机制，这在很大程度上限制了管理人员的积极性和创造性。为了改善这一状况，科研事业单位开始借鉴并引入市场化、企业化的管理理念，致力于推行资产经营责任制和绩效考核制等具有创新性的管理模式。

资产经营责任制明确地将资产管理的责任落实到具体的个人，通过签署责任书等形式，清晰界定管理人员的职责、权利和义务。这种模式强调了责任与利益的紧密关联，使得管理人员更加关注资产的使用效率和保值增值。此外，单位还能根据责任制的执行情况，对管理人员进行相应的奖惩，从而进一步激发他们的工作热情。

而绩效考核机制则是将资产管理的效果与管理人员的个人绩效紧密结合。通过建立科学、合理的考核指标体系，对管理人员在资产管理方面的工作进行全面的、客观的评价。这种模式鼓励管理人员更加关注资产管理的效率和效益，推动他们不断提升管理水平。同时，绩效考核的结果还可以作为管理人员晋升和奖惩的重要依据，增强了管理的公正性和透明度。

二、创新资产配置方式

资产配置，作为资产管理的核心组成部分，深刻影响着资产使用效率和单位整体运营效能。在致力于推动资产配置方式的创新与优化过程中，科研事业单位应采取以下策略。

1. 科学制定资产配置标准

科研事业单位紧密结合单位实际需求与发展规划，制订详细的资产配置标准。这一标准不仅明确了各类资产的具体配置数量、规格及性能等关键要素，而且确保了资产配置与单位的发展需求保持高度契合。此举不仅有效避免了资源的过度浪费和闲置，而且能够根据科研活动的动态变化及市场需求的调整，及时对资产配置标准进行更新，从而确保其前瞻性和适应性。

2. 优化资源配置结构

在资产配置过程中，科研事业单位特别注重资源的优化配置与结构调整。单位优先保障重点科研方向与关键领域的资源需求，以实现资源的高效利用和效益的最大化。同时，这一策略也推动了单位内部各部门之间的资源共享与协同合作，形成了强大的合力，共同推动科研事业的持续发展与进步。

三、创新资产处置方式和管理手段

1. 创新资产处置方式

资产处置作为资产管理的重要构成部分，对于实现资产价值的回收与再利用具有至关重要的作用。科研事业单位在创新资产处置方式方面进行了积极的探索与实践。

首先，要建立公开、透明、规范的资产处置程序和标准。通过制订详尽的资产处置流程和标准，确保了处置工作的公开性、透明性和规范性。这一举措不仅避免了处置过程中的随意性和不公正现象，保障了资产处置的合法性和公平性，同时也提升了处置效率和质量，实现了资产价值的最大化回收和利用。

其次，要引入市场竞争机制。在资产处置过程中，应采用公开拍卖、招标等方式，以选择最优的处置方案和服务商。这不仅确保了资产处置的公正性和透明度，也实现了资产价值的最大化回收和利用。同时，市场竞争机制的引入还推动了单位内部各部门之间的协同合作和资源共享，有效提升了整体运营效率。

2. 创新资产管理手段

随着信息技术的飞速发展和广泛应用，科研事业单位开始积极采用大数据、云计算、物联网等现代信息技术手段进行资产管理创新。这些技术手段能够实现资产信息的实时采集、传输和处理，显著提升管理效率和准确性。

在资产管理决策方面，科研事业单位运用大数据技术，通过收集和分析大量资产数据，进行深入的数据挖掘和分析，为决策提供科学依据。这种科学决策方式使得管理人员能够更精准地掌握资产状况和使用情况，及时发现并解决问题，从而进一步提高管理效率和准确性。

在资产信息共享方面，科研事业单位借助云计算技术，构建资产管理平台，实现资产信息的实时共享和协同工作。这不仅使管理人员能够随时随地访问和处理资产信息，提高工作效率和便捷性，还有助于加强单位内部各部门之间的沟通与合作，推动整体运营水平迈上新台阶。

在资产实时监控方面，科研事业单位运用物联网技术，对资产进行实时监控和追踪，确保资产的安全与完整。这种实时监控方式有助于管理人员及时发现并处理异常情况，防止资产丢失和损坏。同时，还能提高资产使用效率和效益，为单位创造更多经济价值。

总之，科研事业单位在资产管理创新方面已取得诸多有益实践和探索。这些创新不仅推动了资产管理水平的提升和发展方向的明确，还为科研事业单位的持续健康发展提供了坚实保障和支持。展望未来，科研事业单位应继续深化资产管理创新工作，不断完善管理制度和手段，以适应新形势下的发展需求，并推动科研事业的繁荣与进步。

第四节　改革与创新在提升资产管理效能中的作用

随着科研事业单位的不断发展和外部环境的变化，资产管理面临着新的挑战和要求。为了适应新形势、新要求，科研事业单位必须进行资产管理改革与创新，以提升资产管理效能，确保资产的安全、完整和高效使用。改革与创新在提升资产管理效能中发挥了重要作用，具体表现在以下几个方面。

一、推动资产管理理念的转变

传统的资产管理理念主要聚焦于资产的购置与拥有，而对资产的使用效益和管理效率则有所忽视。然而，这种"重购置、轻管理"的模式已无法契合现代科研事业单位的发展需求。为了应对这一挑战，科研事业单位积极推动资产管理理念的变革，由传统的"重购置、轻管理"向"重效益、重管理"转变。这一转变意味着单位对资产的使用效益和管理效率给予了更高的重视，并强调资产的保值增值和高效利用。这种新的管理理念为提升资产管理效能奠定了坚实的思想基础。

在新的管理理念指导下，科研事业单位开始注重资产的全生命周期管理，从购置、使用、维护到处置等各个环节都实施精细化管理。此外，单位还加强了对资产管理人员的培训与教育，提升了他们的管理素质和能力。这些举措共同为提升资产管理效能提供了有力保障。

二、优化资产管理流程

在传统资产管理模式之下，审批程序复杂烦琐、管理环节众多及信息化水平偏低等问题，均对资产管理效率和服务质量造成了显著影响。为了应对这些挑战，科研事业单位积极推动资产管理流程的改革与创新，致力于实现流程的简化与高效化。

在审批程序方面，进行了显著简化。通过优化审批流程、精减审批环节及提升审批效率等措施，有效缩短了审批时间，提高了工作效率。同时，还加强了对审批事项的监管与跟踪，以确保其真实性与合法性。

在管理环节上，致力于减少不必要的环节和重复劳动。通过整合管理资源、优化管理结构以及提高管理效率等措施，降低了管理成本。同时，加强了对管理环节的监控与评估，确保其有效性与规范性。

此外，还积极提升信息化水平。通过引入先进的信息化技术手段，如大数据、云计算、物联网等，实现了资产信息的实时采集、传输和处理。这不仅提高了管理效率和准确性，还为单位提供了更加丰富、准确的资产信息以支持决策。同时，信息化水平的提高也推动了资产管理与其他管理系统的集成与共享，实现了信息的互联互通与协同工作。

三、提升资产管理水平

改革与创新在资产管理领域产生了深远的影响,不仅推动了资产管理理念的更新和流程的优化,更显著提升了资产管理的整体水平。科研事业单位积极引入前沿的管理理念和技术手段,构建了科学、规范、高效的资产管理体系,并显著提高了管理人员的素质和能力。

在新的管理体系下,科研事业单位高度重视资产管理的制度化、规范化和标准化建设。通过制定详尽的资产管理制度和标准化的操作流程,确保了资产管理工作的有序开展。同时,加强对制度执行情况的监督和检查,保障了制度的有效执行和权威性。

此外,科研事业单位还致力于提升管理人员的素质和能力。通过加强培训和教育、积极引进优秀人才等措施,不断提高管理人员的专业水平和管理能力。这些优秀的管理人员为提升资产管理效能提供了坚实的人才基础,为科研事业单位的持续发展提供了有力保障。

四、强化风险防控和内控制度建设

在科研事业单位的改革与创新实践中,风险防控和内控制度建设得到了显著加强。通过构建完备的风险识别、评估、监控和处置机制,以及完善的内部控制制度体系,确保了单位资产的安全运行和高效利用。同时,内部监督和审计工作的强化,使得管理过程中的潜在问题和漏洞能够及时被发现并纠正。这些措施为提升资产管理效能提供了坚实的制度支撑。

综上所述,改革与创新在提升科研事业单位资产管理效能方面发挥了至关重要的作用。通过推动管理理念的转变、优化管理流程、提升管理水平和加强制度建设等多方面的努力,科研事业单位已经建立起一套更加科学、规范、高效的资产管理体系。这不仅显著提高了管理效能和服务质量,还为单位的可持续发展奠定了坚实基础。展望未来,科研事业单位应继续深化改革与创新工作,不断完善管理制度和手段,以适应新形势下的发展需求,并推动科研事业的持续繁荣与进步。

第五节 法律与合规性

科研事业单位在国家科技创新体系中占据举足轻重的地位,其资产管理活动不仅关乎单位内部的稳定运作与持续发展，而且与国家的科技进步与经济发展紧密相连。因此，科研事业单位在进行资产管理时，必须严格遵循国家的相关法律法规，确保资产管理活动的合规性。本节将深入剖析科研事业单位资产管理相关的法律法规，探讨如何保障资产管理活动的合规性，并详细论述违法违规行为的后果及相应的预防措施。

一、关于科研事业单位资产管理的法律法规

1.《中华人民共和国科学技术进步法》

该法是我国科技领域的基本法律，为科研事业单位的资产管理提供了宏观指导和法律保障。该法明确了国家发展科学技术的战略目标、方针政策和基本原则，并强调了科学技术在经济社会发展中的重要地位。因此，科研事业单位在进行资产管理时，应严格遵循该法的要求，积极推动科技创新和成果转化，为国家的科技进步贡献力量。

2.《中华人民共和国促进科技成果转化法》

该法旨在促进科技成果转化为现实生产力，并规范科技成果转化活动。该法对科研事业单位在资产管理过程中涉及的科技成果转化问题进行了明确的规定，包括成果转化的方式、程序、权益分配等。因此，科研事业单位在进行资产管理时，应依法进行科技成果转化，保护科技成果的知识产权，实现科技成果的经济价值和社会效益。

3. 关于国有资产管理的相关规定

由于科研事业单位的资产大多属于国有资产，因此在进行资产管理时，还必须遵守关于国有资产管理的相关规定。这些规定包括《中华人民共和国企业国有资产法》《事业单位国有资产管理暂行办法》等。这些法律法规对国有资产的配置、使用、处置等各个环节都进行了严格的规范，以确保国有资产的安全、完整和有效利用。因此，科研事业单位应建立健全的国有资产管理制度，加强国有资产的监管和评估，防止国有资产的流失和浪费。

二、如何确保资产管理活动的合规性

科研事业单位作为国家科技创新的重要力量，其资产管理活动的合规性直接关系单位的稳健运营和科研活动的顺利开展。为确保资产管理活动的合规性，科研事业单位需要从多个方面入手，建立完善的管理体系和监督机制。以下将详细介绍如何确保资产管理活动的合规性，包括制订清晰的资产管理策略、建立综合的资产数据库、加强合规教育和培训、设立合规监督机

构及完善内部控制体系等方面的内容。

1. 制订清晰的资产管理策略

科研事业单位应首先明确资产管理的目标和优先级,制订符合法律法规要求的资产管理策略。资产管理策略是单位进行资产管理活动的纲领性文件,应涵盖资产的配置、使用、处置等各个环节,确保所有资产管理活动都在法律框架内进行。

(1) 明确资产管理目标:资产管理策略应明确单位资产管理的目标,如提高资产使用效率、确保资产安全完整、促进科技成果转化等。目标的确定应充分考虑单位的实际情况和发展需求,确保资产管理活动与单位的整体发展战略相协调。

(2) 遵循法律法规要求:在制订资产管理策略时,科研事业单位应严格遵守国家相关法律法规和政策要求,如《中华人民共和国科学技术进步法》《中华人民共和国促进科技成果转化法》及关于国有资产管理的相关规定等。确保资产管理活动合法合规,避免触犯法律红线。

(3) 制订具体管理规定:资产管理策略应包括具体的管理规定,如资产配置标准、使用审批程序、处置方式选择等。这些规定应具有可操作性和可衡量性,便于员工在实际工作中执行和监督。同时,管理规定还应根据单位实际情况进行动态调整,以适应外部环境的变化和单位发展的需要。

2. 建立综合的资产数据库

为确保科研事业单位资产管理活动的合规性,必须构建详尽的资产数据库,对单位全部资产进行全面、精确和实时的记录与管理。此数据库的构建不仅有利于单位进行合规性检查与审计,更是保障资产管理活动合法性和有效性的关键。

资产数据库须详尽记录单位所有资产的信息,涵盖资产类型、数量、价值、使用状态及存放地点等关键数据。针对重要或特殊资产,还应建立专门的档案或台账,实施更为详尽的管理和跟踪。通过全面记录资产信息,单位能够实时掌握资产使用与变动情况,为决策层提供坚实的数据支撑。

为确保资产数据库的准确性和完整性,科研事业单位应定期更新数据库信息,包括新增资产的录入、存量资产的盘点与核对,以及报废或处置资产的注销等。通过定期更新,单位能够及时发现并解决资产管理过程中存在的问题和隐患,从而确保资产管理活动的合规性和有效性。

资产数据库作为单位重要的信息资源,其安全性管理不容忽视。科研事业单位应采取切实有效的措施保护数据库的安全性和保密性,严防未经授权的访问和恶意攻击。同时，单位还应定期对数据库进行备份与恢复测试，以确保在意外情况发生时能够及时恢复数据库的正常运行，从而保障单位资产管理的稳定与安全。

3. 加强合规教育和培训

为深化员工对资产管理合规性的理解与重视，科研事业单位须定期安排资产管理相关人员参与法律法规的学习与培训。通过系统的教育与培训，旨在使员工能够辨识并规避潜在的合规风险，从而确保资产管理活动的合规性。

科研事业单位应建立定期的法律法规学习机制，确保员工对国家相关法律法规和政策文件有全面的了解，特别是对资产管理的要求和规范。学习内容包括但不限于《中华人民共和国科学技术进步法》《中华人民共和国促进科技成果转化法》及关于国有资产管理的相关规定等。通过此种方式，使员工明确在资产管理过程中的职责与义务，进而强化合规意识与责任感。

针对资产管理过程中可能出现的合规风险和问题，科研事业单位需开展专项培训活动。培训内容应涵盖资产配置与使用规范、资产处置程序与要求、内部审计与风险控制等关键领域。通过培训，使员工掌握正确的操作方法和处理技巧，从而提升业务能力与风险防范水平。

为确保培训活动的实效性，科研事业单位需重视培训效果的评估工作。评估可以通过问卷调查、考试测试、实际操作等多种形式进行。通过评估，可以了解员工对培训内容的掌握程度和应用能力，及时发现并改进培训过程中的不足。同时，应将培训成果与员工绩效考核相结合，以此激励员工积极参与培训活动，并将所学应用于实际工作中。

4. 设立合规监督机构

为确保科研事业单位资产管理活动的合规性得到有效监督，单位应设立专门的合规监督机构或指定专人承担此项职责。这些机构或人员须定期审查与评估资产管理活动，确保其严格遵循法律法规。

在设立合规监督机构方面，科研事业单位可根据实际情况选择设立如合规部、风险管理部等独立机构。这些机构应独立于其他职能部门，具备权威性，直接向单位高层汇报工作。为确保监督工作的专业性，机构内应配置具备丰富法律知识和实践经验的监督人员，以便及时发现并纠正资产管理中的违法违规行为。

在明确监督职责和权限方面，合规监督机构应明确其职责范围，包括监督资产管理策略的执行、审查资产配置和使用过程、把关资产处置程序等。

同时，机构应与内部审计、纪检监察等部门保持密切合作，共同形成有效的监督合力。在发现违法违规行为时，合规监督机构须及时向单位高层报告，并提出相应的处理建议。

为确保合规监督工作的顺利进行，科研事业单位应建立完善的监督机制。这包括制订详细的监督计划和方案、明确监督标准和要求、建立监督信息共享平台等。通过这一机制，合规监督机构能够更全面地了解单位的资产管理状况，及时发现并解决问题，从而确保资产管理活动的合规性得到有效监督。

5. 完善内部控制体系

内部控制体系对于保障资产管理活动的合规性与有效性具有至关重要的意义。科研事业单位应构建健全的内部控制体系，这包括审批程序、风险评估、内部审计等关键要素，以确保资产管理活动的合规性和有效性。

首先，科研事业单位需要建立严格的审批程序。该程序应对资产配置、使用、处置等各个环节实施严格的审批和监督，确保每个步骤的规范性和严谨性。各级审批人员应明确自身的职责和权限范围，同时，应建立相应的责任追究制度，对违反审批程序的行为进行严肃处理，以维护制度的权威性和有效性。

其次，风险评估和防范是内部控制体系中不可或缺的一环。科研事业单位应对所有资产和业务领域进行全面风险评估，识别潜在的风险点和隐患。基于评估结果，单位应采取有效的风险防范措施和控制手段，确保资产管理活动的安全性和稳健性，降低潜在风险对单位运营的影响。

最后，内部审计和监督是内部控制体系的重要组成部分。科研事业单位应定期对资产管理活动进行内部审计和监督，确保各项管理制度和规定得到有效执行。审计工作应由独立的审计部门负责，对资产管理活动的合规性、有效性和经济性进行全面评估。同时，单位还应接受政府部门、行业协会等外部机构的监督和检查，以提高资产管理的透明度和公信力。

综上所述，为确保资产管理活动的合规性，科研事业单位应从多个方面入手，建立完善的管理体系和监督机制。通过制订清晰的资产管理策略、建立综合的资产数据库、加强合规教育和培训、设立合规监督机构及完善内部控制体系等措施，科研事业单位可以降低资产管理过程中的风险水平，提高资产管理的效率和效益，为单位的稳健运营和科研活动的顺利开展提供坚实保障。

三、违法违规行为的后果及预防措施

科研事业单位作为国家科技创新的重要力量，其资产管理活动的合规性直接关系单位的稳健运营和科研活动的顺利开展。一旦出现违法违规行为，不仅可能导致严重的法律后果，还可能对单位的声誉和长期发展造成不可挽回的损害。因此，深入了解违法违规行为的后果，并采取有效的预防措施，对于确保科研事业单位资产管理活动的合规性至关重要。

（一）违法违规行为的后果

1. 法律责任

科研事业单位在资产管理过程中如果出现违法违规行为，首先需要承担的是法律责任。根据违法违规行为的性质和严重程度，单位可能面临罚款、吊销执照、追究刑事责任等法律制裁。这些法律制裁不仅会给单位带来直接的经济损失，还可能影响单位的正常运营和科研活动。

2. 声誉损害

违法违规行为还可能对科研事业单位的声誉造成严重损害。一旦单位的违法违规行为被曝光，社会公众和合作伙伴可能会对单位的诚信度和专业能力产生怀疑，进而影响单位的形象和声誉。声誉损害可能导致单位在科研项目申请、合作伙伴选择等方面受到不利影响。

3. 长期发展受阻

违法违规行为还可能对科研事业单位的长期发展造成不可挽回的损害。一方面，法律制裁和声誉损害可能影响单位的科研投入和创新能力，导致单位在科技创新领域的竞争力下降。另一方面，违法违规行为可能破坏单位的内部管理体系和运行机制，使单位陷入混乱和困境，难以实现可持续发展。

（二）预防措施

科研事业单位为了有效预防和减少违法违规行为的发生，应采取以下措施。

首先，必须深化对法律法规的学习与宣传。全体员工应充分认识到合规管理的重要性，并自觉遵守相关法律法规和单位规章制度。单位应定期组织员工学习相关法律法规和政策文件，并通过内部宣传栏、网络平台等多种渠道宣传法律法规知识，营造良好的合规文化氛围。

其次，建立健全的内部控制体系至关重要。这包括明确审批程序、风险评估和内部审计等环节。审批程序应确保各级审批人员的职责和权限范围明确，风险评估应全面覆盖单位所有资产和业务领域，内部审计应定期对资产管理活动进行审查和评估，以确保其合规性和有效性。

再次，设立专门的合规监督机构或指定专人负责合规性监督也是必要的。这些机构或人员应定期对资产管理活动进行审查和评估，确保符合法律法规的要求，并及时向单位高层报告任何违法违规行为，提出相应的处理建议。

同时，加强与政府部门、行业协会等的沟通和合作也是不可或缺的一环。通过积极参与政府部门组织的法律法规培训、政策解读等活动，单位可以及时了解最新的法律法规和政策动态。与行业协会等组织建立合作关系，共同制定行业标准和规范，有助于推动行业的健康发展。

最后，建立举报机制和奖惩制度也是鼓励员工积极参与合规管理的重要手段。明确的举报渠道、处理程序和保密要求可以确保员工的举报行为得到及时、公正的处理。同时，对合规表现优秀的员工进行表彰和奖励，对违法违规行为进行严肃处理，可以激发员工的积极性和责任感，共同维护单位的合规管理秩序。

综上所述，为了保障科研事业单位的稳健运营和科研活动的顺利开展，单位必须采取一系列有效的预防措施来预防和减少违法违规行为的发生。这些措施包括深化法律法规的学习和宣传、建立健全的内部控制体系、设立专门的合规监督机构或指定专人负责合规性监督、加强与政府部门和行业协会的沟通和合作及建立举报机制和奖惩制度等。通过这些措施的实施，可以确保科研事业单位资产管理活动的合规性和有效性，为单位的长期发展提供有力保障。

四、结论

综上所述，科研事业单位在进行资产管理时，必须严格遵守国家的相关法律法规和政策要求，确保资产管理活动的合规性和有效性。通过制订清晰的资产管理策略、建立综合的资产数据库、加强合规教育和培训、设立合规监督机构以及完善内部控制体系等措施，可以降低资产管理过程中的风险，提高资产管理的效率和效益。同时，科研事业单位还应注重预防违法违规行为的发生，加强法律法规的学习和宣传，提高全体员工的合规意识，共同维护单位的声誉和长期发展。

第六节 风险管理与防范

科研事业单位，作为国家科技进步与创新的核心驱动力，其资产管理的重要性不言而喻。它不仅关乎单位内部的稳定运作，更对科研活动的连续性与成果产出产生深远影响。然而，置身于复杂多变的内外部环境中，科研事业单位的资产管理面临着诸多风险与挑战。鉴于此，本节将系统探讨科研事业单位资产管理的风险识别、分析、管理策略及方法，并着重阐述风险防范机制的设计。期望通过此次探讨，为降低潜在风险、确保资产安全提供具有指导意义的参考。

一、科研事业单位资产管理面临的主要风险

科研事业单位作为国家科技创新体系的重要组成部分，其资产管理涉及大量资金、设备和知识产权等，是保障科研活动顺利进行的重要基础。然而，在实际管理过程中，科研事业单位面临着来自外部和内部的多重风险挑战。以下将对这些风险进行详细的分析和介绍。

1. 外部风险

政策风险表现为由于国家政策和法律法规的变动给科研事业单位资产管理带来的不确定性。这种风险具有不可预测性和强制性，一旦发生，将对单位的资产管理产生深远影响。具体可能表现为财政拨款减少、税收优惠取消及政策导向变化等方面。为应对此类风险，科研事业单位需密切关注国家政策和法律法规的动态变化，及时调整资产管理策略，并确保与国家政策保持一致。同时，单位应提高政策研究和分析能力，以预测和应对潜在的政策风险。

市场风险是指市场供求关系变化、原材料价格波动等因素对科研事业单位资产价值和使用效益造成的不确定性影响。这种风险具有不确定性和难以预测性，需要单位密切关注市场动态并采取相应措施进行防范。具体可能表现为市场供求关系变化、原材料价格波动及市场竞争加剧等方面。为应对市场风险，科研事业单位须加强与供应商、合作伙伴等的沟通和协作，及时了解市场动态和价格变化。同时，单位应建立灵活的采购机制和库存管理制度，以应对市场波动带来的挑战。此外，加强科技创新和成果转化能力也是降低市场风险的重要途径。

技术风险源自科技进步迅速、新技术新设备的不断涌现，导致科研事业单位原有资产贬值或淘汰。这种风险具有快速变化性和高度不确定性，对单位的资产管理提出了更高的要求。具体可能表现为技术更新换代快、技术标准变化快及知识产权保护不力等方面。为应对技术风险，科研事业单位须加强技术研发和创新能力建设，紧跟科技前沿动态并及时更新技术装备。同时，单位应建立完善的知识产权保护体系和管理制度，确保技术成果的安全

性和保密性。此外,加强与高校、其他科研机构等的合作与交流也是降低技术风险的有效途径。

2. 内部风险

管理风险是指因管理制度的不完善、执行不力和监督缺失等问题,导致科研事业单位资产管理出现混乱和效率下降的风险。此类风险具有内生性并可通过有效的管理措施进行控制和预防。管理风险的主要表现形式包括:管理制度的不健全,可能导致管理工作缺乏明确的指导和规范;制度执行的不严格,可能导致制度形同虚设,无法发挥其应有的作用;监督机制的不到位,可能导致违规行为得不到及时纠正和处理。

为应对管理风险,科研事业单位须建立健全的资产管理制度体系,并确保其得到严格执行。这包括完善资产采购、使用、处置等各个环节的管理规定和操作流程,加强对制度执行情况的监督和检查,以及建立有效的奖惩机制以激励员工遵守管理制度。同时,单位还应加强内部控制体系建设,确保各项管理工作相互制约、相互监督,从而降低管理风险的发生概率。

操作风险是指因员工操作失误、违规操作等行为给科研事业单位资产管理带来直接损失的风险。此类风险具有人为性,但通过加强员工培训和制订操作规范,可以有效降低其发生概率。操作风险的主要表现形式包括:员工因技能不足或注意力不集中导致的操作失误,员工出于个人利益或工作疏忽进行的违规操作,以及员工安全意识淡薄,对潜在安全隐患处理不当引发的安全事故。

为应对操作风险,科研事业单位须加强员工培训和教育工作。这包括定期开展资产管理相关法律法规、政策文件及业务知识的培训活动,加强对新员工和关键岗位人员的岗前培训和考核工作,以及建立奖惩机制以激励员工遵守操作规范。同时,单位还应建立完善的操作规范和流程并严格执行,确保员工在进行资产管理操作时能够有章可循、规范操作。

财务风险是指因预算编制不合理、资金使用不当等财务问题引发科研事业单位资产流失或浪费的风险。此类风险具有隐蔽性和危害性大的特点,因此单位须加强财务管理和风险防范意识。财务风险的主要表现形式包括:预算编制过程中存在的数据不准确、项目不全面或预算过高等问题;资金使用过程中存在的挪用资金、滥用职权等行为;财务监管不力导致的违规行为得不到及时纠正和处理等。

为应对财务风险,科研事业单位须加强财务管理和风险防范意识。这包括建立完善的财务管理制度和流程并严格执行,加强预算编制的准确性和科学性并建立预算调整机制,加强对资金使用的监管和审批并建立奖惩机制以激励员工遵守财务规定。同时,单位还应加强与外部审计机构的合作与沟通以确保审计工作的全面性和有效性,并建立风险预警机制,以便及时发现和处理潜在的财务风险。

二、风险管理的策略和方法

科研事业单位在资产管理过程中,面临着来自外部和内部的多重风险。为了有效应对这些风险,保障资产安全和提高管理效率,单位需要采取一系列风险管理的策略和方法。以下将对这些策略和方法进行详细的分析和介绍。

1. 风险识别与评估

科研事业单位必须建立一套完善且持续的风险识别与评估机制。通过诸如问卷调查、专家咨询、历史数据分析等多样化手段,深入识别资产管理过程中可能存在的各类风险因素,并对这些因素的发生概率和影响程度进行审慎的评估。在风险识别方面,应灵活运用如头脑风暴法、德尔菲法、流程图法等多种方法,确保能够全面覆盖资产管理过程中可能出现的风险点。在风险评估环节,则建议采用定性与定量相结合的方法,对识别出的风险进行科学的量化分析和排序,以明确风险管理的优先级。

在进行风险识别与评估时,单位应着重注意以下几点:一是要确保过程的客观性与全面性,避免因主观臆断或疏忽导致的重要风险遗漏;二是要密切关注风险之间的关联性和影响性,为制订综合性的风险应对策略提供有力支撑;三是要定期更新风险识别与评估结果,确保其与外部环境变化及单位内部管理需求保持同步。通过这样严谨、稳重、理性的风险管理方式,科研事业单位能够更好地应对挑战,保障其资产管理的稳健与高效。

2. 风险应对策略

科研事业单位针对已识别的风险点,可采取以下4种风险应对策略。

(1) 预防策略:科研事业单位在风险事件发生前,应采取预防措施,以避免或减少风险损失。具体做法包括完善管理制度、加强员工培训、优化资产配置等。例如,建立健全的资产管理制度和流程,明确各项管理职责和操作规范;加强员工业务培训和法律法规教育,提升员工风险意识和操作技能;根据单位实际需要和财务状况,优化资产配置结构,避免盲目购置和浪费。

(2) 减轻策略:当风险事件发生后,科研事业单位应迅速采取措施,以减轻风险的影响程度或缩小损失范围。具体做法包括及时处置闲置资产、调整预算结构、寻求外部支持等。例如，对于长期闲置或无法使用的资产进行及时处置或报废处理；根据实际情况调整预算结构和资金使用计划，避免资金浪费和损失；积极寻求政府支持、社会捐赠等外部资源，以弥补资金缺口。

（3）转移策略：科研事业单位可通过购买保险、签订合作协议等方式，将部分风险转移给第三方承担。这种策略适用于无法完全避免或影响较大的风险。单位可购买相关保险以转移部分风险损失，也可与供应商、合作伙伴等签订风险共担协议，共同应对风险挑战。例如，为单位重要资产购买财产保险、责任保险等；与供应商签订长期合作协议，并明确双方责任和义务，以共同应对市场波动等风险。

（4）接受策略：对于某些无法避免或影响较小的风险，科研事业单位可选择接受并承担其后果。这种策略适用于发生概率较低、影响程度较小且无须投入过多资源进行防范和处理的风险。在接受风险时，单位应做好充分准备和应对措施，确保风险事件发生时能够及时应对和处理。例如，对于某些低价值易耗品的损耗和报废选择接受并承担其后果；同时建立应急处理机制以应对突发事件等。

3. 风险管理方法

在科研事业单位的风险管理实践中，可采用以下常用的风险管理方法。

首先，定量分析法，这是一种运用数学模型和统计技术对风险进行量化分析的方法。该方法能够对风险进行精确的度量和预测，从而为决策提供科学依据。科研事业单位可利用历史数据、专家意见等信息，构建风险量化模型，对各种风险进行概率分析和损失估算。同时，通过敏感性分析、蒙特卡罗模拟等技术，对关键风险因素进行深入研究和分析。这样，单位能更准确地了解各类风险的大小和重要性排序，为制订针对性的风险应对策略提供有力支撑。

其次，定性分析法，这是一种通过专家判断、经验总结等方式对风险进行定性描述和评估的方法。该方法适用于那些难以量化或缺乏足够数据支持的风险因素。科研事业单位可邀请相关领域的专家或经验丰富的管理人员，对识别出的风险因素进行定性评估。同时，借鉴类似项目或行业的经验教训，对潜在风险进行预测和判断。这样，单位能更全面地了解各类风险的性质、影响范围和可能后果等信息，为制订综合性的风险管理方案提供参考依据。

此外，情景分析法也是一种重要的风险管理方法。它通过模拟不同情景下风险的发生和发展过程，分析其对资产管理的影响。这种方法能帮助单位更直观地了解各类风险在不同情景下的表现形式和影响程度，提前发现并应对潜在的风险挑战。科研事业单位可根据实际情况构建不同的情景假设（如政策变化、市场波动等），并运用相关工具和技术（如系统动力学模型、决策树等）模拟风险的发生和发展过程。同时，分析不同情景下资产管理可能面临的挑战和机遇及相应的应对策略和措施。这样，单位能更全面地了解各类风险在不同情景下的影响范围和可能后果等信息，为制订灵活多样的风险管理方案提供有力支持。

最后，敏感性分析法也是一种重要的风险管理工具。它通过分析关键因素对资产管理风险的影响程度，帮助单位确定哪些因素对资产管理风险具有重要影响，并制订针对性的风险管理措施以降低关键因素的影响程度。科研事业单位可选择关键因素（如政策变化、市场波动等）作为敏感性因素进行分析，并运用相关工具和技术（如敏感性分析表、敏感性曲线等）研究这些因素在不同取值范围内对资产管理风险的影响程度和变化趋势。同时，根据分析结果制订相应的风险管理措施以降低关键因素的影响程度或避免其发生。这样，单位能更准确地了解各类风险因素对资产管理风险的影响程度和重要性排序，为制订针对性的风险管理策略提供有力支持。

三、设计风险防范机制，降低潜在风险

在科研事业单位的运营过程中，资产管理作为重要环节，其安全性、完整性和高效性直接关系单位的科研活动和发展。为了降低潜在风险，科研事业单位需要设计一套科学、合理的风险防范机制。

1. 完善管理制度体系

科研事业单位应建立健全的资产管理制度体系，这是防范风险的基础。首先，单位需要制订全面、细致的资产管理制度，覆盖资产采购、验收、使用、维护、处置等各个环节。制度中应明确各项管理职责和操作规范，确保资产管理的每个环节都有章可循。其次，单位应定期对资产管理制度进行审查和更新，以适应外部环境的变化和单位内部管理的需要。最后，单位应加强对制度执行情况的监督和检查，确保各项制度得到有效落实。对于违反制度的行为，应依法依规进行处理，以维护制度的严肃性和权威性。

在完善管理制度体系的过程中，单位还需要注意以下几点：一是要保持制度的连贯性和一致性，避免制度之间的冲突和矛盾；二是要注重制度的可

操作性和实用性，避免制订过于复杂或难以执行的制度；三是要加强制度宣传和培训，提高员工对制度的认知和理解程度。

2. 强化内部控制机制

内部控制是科研事业单位防范风险的重要手段。通过设立专门的内部控制机构或岗位，明确内部控制的职责和权限，可以形成相互制约、相互监督的工作机制。具体来说，单位可以采取以下措施来强化内部控制机制：一是建立健全的内部控制体系，包括财务审批、内部审计、风险管理等方面的制度和流程；二是加强对关键岗位和关键环节的监督和控制，确保各项操作符合规范；三是定期开展内部审计和财务检查工作，及时发现和纠正资产管理过程中的违规行为和风险隐患；四是建立奖惩机制，对内部控制工作表现优秀的员工进行表彰和奖励，对违反内部控制规定的员工进行惩罚和处理。

在强化内部控制机制的过程中，单位还需要注意以下几点：一是要保持内部控制的独立性和客观性，避免内部控制机构或人员被其他部门或人员干扰或影响；二是要注重内部控制的全面性和系统性，确保内部控制覆盖单位的所有业务和环节；三是要加强内部控制的信息化和智能化建设，提高内部控制的效率和准确性。

3. 建立风险预警系统

风险预警系统是科研事业单位及时发现和应对风险的重要工具。通过利用信息技术手段建立风险预警系统，可以实时监测和分析资产管理过程中的风险因素变化情况。具体来说，单位可以采取以下措施来建立风险预警系统：一是明确风险预警的目标和原则，确定需要监测的风险因素和预警阈值；二是选择合适的信息技术手段和工具来构建风险预警系统平台；三是制订风险预警的工作流程和应急预案，确保在风险发生时能够及时响应和处理；四是定期对风险预警系统进行测试和维护，确保其正常运行和准确性。

在建立风险预警系统的过程中，单位还需要注意以下几点：一是要保持风险预警系统的敏感性和准确性，避免误报或漏报风险信息；二是要注重风险预警系统的实时性和动态性，确保能够及时发现和处理风险事件；三是要加强风险预警系统的安全性和保密性建设，防止风险信息被泄露或滥用。

4. 加强员工培训教育

员工是科研事业单位资产管理的直接执行者，其素质和能力直接关系资产管理的效果和质量。因此，加强员工培训教育是降低潜在风险的重要措施之一。具体来说，可以采取以下措施来加强员工培训教育：一是定期开展资产管理相关法律法规、政策文件及业务知识的培训教育活动；二是组织员工参加外部培训和学习交流活动,拓宽员工的视野和知识面;三是鼓励员工自主学习和进修深造,提高员工的综合素质和能力水平;四是加强对新员工和关键岗位人员的岗前培训和考核工作。

在加强员工培训教育的过程中,单位还需要注意以下几点:一是要保持培训教育的针对性和实效性,避免形式主义和走过场;二是要注重培训教育的多样性和灵活性,采用多种方式和手段进行培训教育;三是要加强培训教育的评估和反馈工作,及时了解员工的培训需求和意见建议。

5. 优化资源配置和使用效率

科研事业单位的资产管理涉及大量的资源配置和使用问题。如果资源配置不合理或使用效率低下,不仅会造成资源的浪费和闲置,还可能引发一系列的风险问题。因此,优化资源配置和使用效率是降低潜在风险的重要措施之一。具体来说,单位可以采取以下措施来优化资源配置和使用效率:一是根据科研活动的实际需求和单位的发展战略目标来合理规划和配置资产资源;二是通过共享共用、调剂使用等方式来提高资产的使用效率;三是建立资产共享平台或合作机制来实现跨部门、跨单位的资源共享;四是加强对闲置资产的盘活利用和处置工作。

在优化资源配置和使用效率的过程中,单位还需要注意以下几点:一是要保持资源配置的公平性和合理性,避免资源过度集中或浪费现象;二是要注重资源使用的效率和效益评估工作;三是要加强资源共享和合作机制的建立和维护工作;四是要关注新技术、新方法在资产管理中的应用和推广工作。

综上所述,科研事业单位需要从多个方面入手来设计风险防范机制并降低潜在风险。通过完善管理制度体系、强化内部控制机制、建立风险预警系统、加强员工培训教育及优化资源配置和使用效率等措施的综合运用,可以有效地提高资产管理的安全性和效率性,为单位的科研活动和发展提供有力保障。

科研事业单位资产管理面临着多种内外部风险挑战,需要采取有效的风险管理策略和方法进行防范和应对。通过完善管理制度体系、强化内部控制机制、建立风险预警系统、加强员工培训教育及优化资源配置和使用效率等措施的设计与实施,可以显著降低潜在风险并保障科研事业单位资产的安全与完整。在未来的工作中,科研事业单位应持续关注资产管理领域的新动态和新趋势,不断优化和完善风险管理与防范机制以适应不断变化的内外部环境需求。

第七章　科研事业单位资产管理的新时代适应与战略选择

在新时代的背景下，科研事业单位面临着国际化、科技创新及社会责任与可持续发展的多重挑战与机遇。资产管理作为支撑科研活动的核心要素，如何在这一新形势下做出适应性调整与战略选择，成为迫切需要解决的问题。本章将从国际化视角、科技创新及社会责任与可持续发展3个方面，深入探讨科研事业单位资产管理在新时代下的新要求与新策略。

第一节　国际化视角下的资产管理策略

随着全球化的深入发展，国际化已经成为科研事业单位不可避免的发展趋势。本节将比较国内外科研事业单位资产管理的异同，分析国际化趋势对资产管理的影响，以及如何借鉴国际先进经验，提升国内资产管理水平。通过国际化视角的探讨，为科研事业单位资产管理的全球化发展提供思路与指导。

一、国内外科研事业单位资产管理的异同

1. 共通之处

（1）资产管理目标的一致性：无论是国内还是国外的科研事业单位，其资产管理的核心目标都是确保资产的安全、完整和高效利用。这是因为资产是科研事业单位开展科研活动的重要物质基础，只有确保资产的安全和完整，才能保证科研活动的顺利进行。同时，高效利用资产也是提高科研效率和效益的关键。因此，国内外科研事业单位在资产管理目标上达成了一致。

为了实现这一目标，国内外科研事业单位都采取了一系列措施，如建立完善的资产管理制度、加强资产采购和验收环节的管理、建立资产使用和维

护的规范等。这些措施的实施，有效地保障了资产的安全和完整，提高了资产的使用效率。

（2）资产管理流程的相似性：国内外科研事业单位在资产管理流程上具有一定的相似性。通常，资产管理流程包括资产的采购、验收、使用、维护、处置等环节。这些环节是资产管理的基本流程，也是确保资产安全、完整和高效利用的关键。

在采购环节，国内外科研事业单位都会根据科研活动的需要，制订采购计划，并按照规定的程序进行采购。在验收环节，都会对采购的资产进行严格的验收，确保资产的质量和数量符合要求。在使用和维护环节，都会建立相应的使用和维护规范，确保资产的合理使用和及时维护。在处置环节，都会对不再使用的资产进行妥善处置，防止资产的浪费和流失。

（3）资产管理信息化的趋势：随着信息技术的发展，国内外科研事业单位都越来越重视资产管理的信息化建设。通过引入先进的信息技术手段，如资产管理软件、物联网技术等，可以实现资产信息的实时采集、传输和处理，提高资产管理的效率和准确性。

资产管理信息化不仅可以提高管理效率，还可以降低管理成本。通过信息化手段，可以实现资产信息的共享和协同管理，避免信息孤岛和重复劳动。同时，信息化手段还可以提高资产管理的透明度和可追溯性，为决策提供有力支持。

2. 差异之处

（1）管理体制的不同：国内外科研事业单位在管理体制上存在较大的差异。国外科研事业单位通常拥有较为灵活和自主的管理体制，机构设置和人员配置相对独立，有较大的自主权和管理权。而国内科研事业单位则受到较多的行政干预和约束，机构设置和人员配置需要按照国家的规定进行，管理权限相对较小。

这种管理体制的差异导致了国内外科研事业单位在资产管理上的不同表现。国外科研事业单位由于拥有较大的自主权和管理权，可以更加灵活地制订和执行资产管理策略，快速响应市场需求和变化。而国内科研事业单位则需要遵循国家的政策和规定，管理流程相对烦琐，决策效率较低。

（2）资金来源的多样性：国外科研事业单位的资金来源较为多样，包括政府拨款、社会捐赠、企业合作等多种渠道。这些多样化的资金来源为国外科研事业单位提供了更加充裕的资金支持，使其能够更加专注于科研活动的开展和资产的管理。同时，多样化的资金来源也降低了国外科研事业单位对单一资金来源的依赖风险。

相比之下，国内科研事业单位的资金来源则相对单一，主要依赖于政府拨款。虽然政府拨款为国内科研事业单位提供了稳定的资金支持，但单一的资金来源也限制了其发展的速度和规模。此外，过度依赖政府拨款还可能导致国内科研事业单位在资金管理上缺乏自主性和灵活性。

(3) 资产管理理念的差异：国外科研事业单位在资产管理上更加注重效益和效率，强调资产的共享和开放使用。这种管理理念使得国外科研事业单位能够更加高效地利用资产，提高科研活动的产出效益。同时，共享和开放使用的理念也有助于促进科研合作和交流，推动科研创新的发展。

而国内科研事业单位则更加注重资产的安全和稳定。在资产管理上，国内科研事业单位往往采取较为谨慎的态度，对资产的共享和开放使用持有一定的保留意见。这种管理理念虽然有助于保障资产的安全和稳定，但也可能限制了资产的高效利用和科研合作的发展。

造成这种管理理念差异的原因是多方面的。一方面，国内外科研事业单位在管理体制和资金来源上的差异导致了其在资产管理上的不同取向。另一方面，国内外科研事业单位在科研文化和传统上也存在一定的差异，这也影响了其在资产管理上的理念和方法。

总的来说，国内外科研事业单位在资产管理上既有共通之处，也存在显著的差异。这些差异不仅体现在管理体制、资金来源和管理理念上，还体现在具体的资产管理实践和方法上。因此，国内科研事业单位在借鉴国际先进经验时，需要充分考虑自身的实际情况和特点，选择适合自己的资产管理策略和方法。同时，也需要加强与国际同行的交流与合作，共同推动科研事业单位资产管理水平的提升。

二、国际化趋势对资产管理的影响

随着全球经济一体化的加速推进，国际化趋势已经成为不可逆转的历史潮流。这一趋势对各行各业都产生了深远的影响，科研事业单位资产管理领域也不例外。以下将分别从管理理念的更新、管理手段的创新及管理体制的改革3个方面，详细阐述国际化趋势对资产管理的影响，以期为国内科研事业单位资产管理的改进和提升提供参考和借鉴。

1. 管理理念的更新

国际化趋势推动了资产管理理念的更新。在传统的资产管理理念中，往往更注重资产的安全和稳定，而忽视了资产的效益和效率。这种管理理念在一定程度上限制了资产的高效利用和科研活动的创新发展。然而，随着国际化趋势的到来，国外先进的资产管理理念开始传入国内，对国内科研事业单位的资产管理理念产生了深远的影响。

国外科研事业单位在资产管理上更加注重效益和效率，强调资产的共享和开放使用。这种管理理念不仅有助于提高资产的使用效率，降低闲置和浪费，还能促进科研合作和交流，推动科研创新的发展。因此，国内科研事业单位也开始逐渐转变资产管理理念，从注重安全和稳定转变为注重效益和效率。这种理念的转变使得科研事业单位更加注重资产的高效利用和科研活动的产出效益，推动了资产管理水平的提升。

同时，国际化趋势还推动了资产管理中的可持续发展理念。在全球环境问题日益严峻的背景下，可持续发展已经成为各国共同追求的目标。科研事业单位作为科技创新的重要力量，也需要在资产管理中融入可持续发展理念。例如，在采购资产时优先考虑环保、节能的产品，在使用资产时注重节约资源、减少废弃物排放等。这些措施不仅有助于推动环保事业的发展，还能提高科研事业单位的社会责任感和公众形象。

2. 管理手段的创新

国际化趋势促进了资产管理手段的创新。随着信息技术的飞速发展，资产管理手段也在不断更新换代。国内科研事业单位在国际化趋势的推动下，开始积极引入先进的信息化技术手段来改进和提升资产管理水平。

首先，通过引入资产管理软件、物联网技术等信息化手段，可以实现资产信息的实时采集、传输和处理，提高资产管理的效率和准确性。例如，利用物联网技术可以对资产进行智能识别和跟踪，实时掌握资产的位置、状态和使用情况；利用资产管理软件可以对资产信息进行集中管理和分析，为决策提供有力支持。这些信息化手段的应用不仅提高了管理效率，还降低了管理成本，推动了资产管理向智能化、精细化方向发展。

其次，国际化趋势还推动了资产管理中的共享平台建设。共享平台是一种基于互联网的开放式平台，可以实现资产的共享和开放使用。通过共享平台，科研事业单位可以将闲置的资产共享给其他单位或个人使用，提高资产的使用效率；同时也可以从其他单位或个人获取所需的资产资源，满足科研活动的需求。共享平台的建设不仅可以促进科研合作和交流，还能降低资产购置和维护成本，提高资产管理的整体效益。

最后，国际化趋势还促进了资产管理中的风险管理手段创新。在国际化背景下，科研事业单位面临的外部环境和内部条件都发生了很大的变化，风险因素也随之增加。因此，需要在资产管理中加强风险管理手段的应用和创新。例如，可以引入风险评估模型对资产进行全面评估和分析；可以建立风险预警机制及时发现和应对潜在的风险问题；还可以引入保险等金融工具来转移和分散风险。这些风险管理手段的应用可以帮助科研事业单位更好地应对不确定性和风险挑战。

3. 管理体制的改革

国际化趋势对科研事业单位的管理体制提出了更高的要求。传统的管理体制已经难以适应国际化发展的需要，因此需要进行改革和创新。国内科研事业单位在国际化趋势的推动下，也开始积极探索管理体制的改革和创新之路。

首先，需要建立更加灵活和自主的管理体制。传统的管理体制往往较为僵化和烦琐，决策效率低下且难以适应市场需求变化。因此，需要建立更加灵活和自主的管理体制，赋予科研事业单位更大的自主权和管理权。这样可以使科研事业单位更加快速地响应市场需求变化、制订和执行资产管理策略，同时也可以激发科研人员的积极性和创造性，推动科研创新的发展。

其次，需要加强与国际同行的交流与合作。国际化趋势为国内外科研事业单位之间的交流与合作提供了广阔的空间和机会。通过与国际同行的交流与合作，可以借鉴其先进的管理经验和做法、了解国际前沿的科技动态和趋势，同时也可以促进科技人才的流动和培养、推动科研成果的转化和应用。这些交流与合作不仅可以提升国内科研事业单位的资产管理水平，还能推动其整体实力和国际竞争力的提升。

最后，需要完善相关的法律法规和政策体系。国际化趋势下的资产管理需要遵循国际规则和标准、保障知识产权和合法权益；同时也需要加强监管和评估、防范风险和损失。因此，需要完善相关的法律法规和政策体系来规范和指导科研事业单位的资产管理行为，同时也需要加强监管和评估机制的建设来确保其合规性和有效性。这些措施的实施可以为国内科研事业单位的资产管理提供有力的法律保障和政策支持。

综上所述，国际化趋势对资产管理产生了深远的影响。它不仅推动了管理理念的更新和管理手段的创新，还促进了管理体制的改革和创新。因此，国内科研事业单位需要紧跟国际化趋势的步伐，积极探索和实践新的资产管理理念和方法，同时也需要加强与国际同行的交流与合作，完善相关的法律法规和政策体系来不断提升自身的资产管理水平。

三、借鉴国际先进经验，提升国内资产管理水平

随着全球经济一体化的深入发展，国际的交流与合作日益频繁。在这一背景下，国内科研事业单位面临着前所未有的机遇和挑战。为了提升自身的资产管理水平，国内科研事业单位需要积极借鉴国际先进经验，引入国际先进的管理理念和方法，加强与国际同行的交流与合作，推动管理体制的改革和创新，并加强信息化建设和人才培养。以下将详细阐述这些方面的具体措施和意义。

1. 引入国际先进的管理理念和方法

国内科研事业单位在资产管理方面可以积极引入国际先进的管理理念和方法，以提升自身的资产管理水平。其中，效益导向的资产管理理念和全生命周期的资产管理方法是值得借鉴的两个方面。

（1）效益导向的资产管理理念：效益导向的资产管理理念强调以资产的效益最大化为目标，注重资产的高效利用和科研活动的产出效益。在这一理念下，国内科研事业单位需要转变传统的资产管理观念，从注重资产的安全和稳定转变为注重资产的效益和效率。具体而言，可以通过制订科学的资产配置计划、优化资产使用流程、建立资产共享机制等方式，提高资产的使用效率和科研活动的产出效益。

（2）全生命周期的资产管理方法：全生命周期的资产管理方法强调对资产从采购、使用到报废等各个环节进行全面管理和监控。在这一方法下，国内科研事业单位需要建立完善的资产管理制度和流程，确保资产的安全、完整和高效利用。具体而言，可以通过建立资产档案、制订资产使用规范、实施定期盘点和维修保养等方式，延长资产的使用寿命和提高资产的使用效率。

2. 加强与国际同行的交流与合作

国内科研事业单位可以通过多种途径加强与国际同行的交流与合作，了解国际先进的资产管理经验和做法，并结合自身实际情况进行借鉴和应用。

（1）参加国际会议和展览：国内科研事业单位可以积极参加国际资产管理相关的会议和展览，了解国际前沿的资产管理理念和方法，与国际同行进行深入的交流和探讨。通过参加国际会议和展览，国内科研事业单位可以拓宽视野、增长见识，为提升自身的资产管理水平提供有益的借鉴和参考。

（2）访问交流和学习考察：国内科研事业单位可以组织访问交流和学习考察活动，邀请国际同行来华交流访问，或派遣员工到国外进行学习和考

察。通过访问交流和学习考察，国内科研事业单位可以深入了解国际先进的资产管理经验和做法，学习借鉴其成功的管理模式和方法，并结合自身实际情况进行改进和创新。

（3）建立国际合作项目和平台：国内科研事业单位可以积极寻求与国际同行的合作项目，共同开展资产管理相关的研究和实践活动。通过建立国际合作项目和平台，国内科研事业单位可以与国际同行进行深入的合作和交流，共同推动资产管理水平的提升和发展。

3. 推动管理体制的改革和创新

国内科研事业单位在借鉴国际先进经验的同时，也需要推动自身管理体制的改革和创新，以适应国际化发展的需要。具体而言，可以从以下几个方面入手。

（1）建立更加灵活和自主的管理体制：国内科研事业单位需要建立更加灵活和自主的管理体制，赋予科研事业单位更大的自主权和管理权。这样可以使科研事业单位更加快速地响应市场需求变化、制订和执行资产管理策略；同时也可以激发科研人员的积极性和创造性，推动科研创新的发展。在建立灵活自主的管理体制时，需要注重平衡好集权与分权的关系、明确各级职责权限、建立科学合理的决策机制等。

（2）优化管理流程和提高管理效率：国内科研事业单位需要对现有的管理流程进行优化和改进，提高管理效率。具体而言，可以通过简化审批程序、优化资源配置、加强部门协同等方式来提高管理效率，同时也可以通过引入先进的信息化技术和工具来辅助管理流程的优化和改进。在优化管理流程时，需要注重流程的合理性、可操作性和可持续性，确保流程的优化能够真正提高管理效率和质量。

（3）建立科学合理的激励机制：国内科研事业单位需要建立科学合理的激励机制，激发员工的积极性和创造性。具体而言，可以通过制订合理的薪酬制度、建立完善的绩效考核体系、提供多样化的职业发展机会等方式来激励员工，同时也可以通过营造良好的工作氛围和文化环境来增强员工的归属感和忠诚度。在建立激励机制时，需要注重公平性和可持续性，确保激励机制能够真正发挥作用并促进组织的长期发展。

4. 加强信息化建设和人才培养

国内科研事业单位在提升资产管理水平的过程中还需要加强信息化建设和人才培养工作。具体而言可以从以下几个方面入手。

（1）加强信息化建设：国内科研事业单位需要加强信息化建设工作，

提高资产管理的信息化水平。可以通过引入先进的信息化技术和工具来辅助资产管理工作的开展,同时也可以通过建立共享平台等方式来促进信息的共享和交流。在加强信息化建设时,需要注重信息的安全性和保密性,确保信息的安全可控,同时也需要注重信息的准确性和完整性,确保信息的真实可靠。

(2)加强人才培养:国内科研事业单位需要加强人才培养工作,提高员工的综合素质和能力水平。可以通过制订完善的人才培养计划、提供多样化的培训和学习机会、建立科学合理的人才评价机制等方式来加强人才培养工作,同时也可以通过营造良好的人才发展环境和文化氛围来吸引和留住优秀人才。在加强人才培养时,需要注重人才的全面发展和个性化需求,同时也需要注重人才的梯队建设和职业生涯规划,为组织的长期发展提供有力的人才保障。

综上所述,国内科研事业单位在提升资产管理水平的过程中需要积极借鉴国际先进经验、引入国际先进的管理理念和方法、加强与国际同行的交流与合作、推动管理体制的改革和创新,并加强信息化建设和人才培养工作。这些措施的实施可以为国内科研事业单位的资产管理提供有益的借鉴和参考,同时也可以推动其整体实力和国际竞争力的提升;为国家的科技创新和经济发展作出更大的贡献。

从国际化的视角出发,比较国内外科研事业单位资产管理的异同,分析国际化趋势对资产管理的影响,并探讨如何借鉴国际先进经验对提升国内资产管理水平具有重要意义。通过引入国际先进的管理理念和方法、加强与国际同行的交流与合作、推动管理体制的改革和创新及加强信息化建设和人才培养等措施的实施,可以有效提升国内科研事业单位的资产管理水平,为科研活动的顺利开展提供有力保障。

四、科技创新背景下的资产管理新模式

科技创新是推动科研事业单位发展的核心动力。在新一轮科技革命的浪潮中,资产管理如何支持科技创新活动,如何探索新的管理模式和方法,成了资产管理的重要议题。本节将分析科技创新对资产管理的新要求,探讨资产管理如何与科技创新相融合,以及在这一背景下资产管理的新模式和新方法。通过科技创新的引领,推动资产管理实现创新性发展与转型。

1. 科技创新对资产管理的新要求

(1)资产的高效利用要求:科技创新要求科研事业单位能够高效地利

用资产，确保各项科研活动的顺利进行。这要求资产管理部门对资产进行合理配置、优化使用，提高资产利用率。具体而言，资产管理部门需要建立完善的资产管理制度和流程，明确资产的采购、使用、维护、报废等各个环节的管理责任和要求。同时，加强资产的共享和协作使用，打破部门之间的壁垒，实现资产的跨部门、跨项目共享。此外，还需要建立有效的激励机制，鼓励科研人员充分利用现有资产进行创新研究，提高资产的整体利用效率。

为满足科技创新对资产高效利用的要求，科研事业单位还需要加强资产管理人员的培训和教育，提高其专业素养和管理能力。通过培训和教育，使资产管理人员能够更好地理解和掌握资产管理的新理念、新方法，为科研活动提供更加优质、高效的服务。

（2）资产的快速更新要求：科技创新速度加快，要求科研事业单位能够及时更新设备、技术等资产，以跟上技术发展的步伐。这要求资产管理部门具备敏锐的市场洞察力和快速响应能力，确保资产的及时更新。为实现这一目标，资产管理部门需要加强与市场、企业等外部机构的合作和交流，及时了解和掌握最新的科技发展动态和市场信息。同时，建立完善的资产更新机制和流程，明确资产的更新标准和要求，确保更新后的资产能够满足科技创新的需求。

此外，科研事业单位还需要加强资产管理部门的信息化建设，利用现代信息技术手段提高资产管理的效率和准确性。通过信息化建设，实现资产信息的实时采集、传输、处理和共享，为资产的快速更新提供有力支持。

（3）资产管理信息化要求：科技创新推动了信息化技术的发展，为科研事业单位资产管理信息化提供了有力支持。资产管理信息化不仅可以提高资产管理的效率和准确性，还可以加强资产管理部门与其他部门之间的沟通和协作。为实现资产管理信息化，科研事业单位需要建立完善的信息化管理系统和平台，包括资产数据库、管理流程信息化、数据分析与决策支持等功能模块。

资产数据库是实现资产管理信息化的基础，应包含各类资产的基本信息、使用状态、维护记录等内容。管理流程信息化则是将传统的纸质管理流程转化为电子化管理流程，提高管理效率和准确性。数据分析与决策支持则是利用现代信息技术手段对资产数据进行分析和挖掘，为科研事业单位提供有价值的决策支持。

2. 满足科技创新对资产管理新要求的措施

（1）完善资产管理制度和流程：为满足科技创新对资产管理的新要求，

科研事业单位需要完善资产管理制度和流程。首先，建立完善的资产管理制度，明确资产的采购、使用、维护、报废等各个环节的管理责任和要求。其次，优化资产管理流程，简化审批程序，提高管理效率。最后，加强资产管理制度的执行和监督，确保各项制度得到有效落实。

（2）加强资产管理人员的培训和教育：提高资产管理人员的专业素养和管理能力是满足科技创新对资产管理新要求的关键。科研事业单位应加强资产管理人员的培训和教育，定期组织学习交流会议，分享先进的管理经验和方法。同时，鼓励资产管理人员积极参与学术研究和行业交流，拓宽视野，提高创新能力。

（3）加强信息化建设：信息化建设是实现资产管理信息化的重要手段。科研事业单位应加强信息化建设，建立完善的信息化管理系统和平台。通过引入先进的信息化技术手段，如物联网、大数据、人工智能等，实现资产信息的实时采集、传输、处理和共享。同时，加强信息安全保障工作，确保资产信息的安全性和保密性。

（4）加强与外部机构的合作和交流：加强与市场、企业等外部机构的合作和交流是满足科技创新对资产管理新要求的重要途径。通过与外部机构的合作和交流，及时了解和掌握最新的科技发展动态和市场信息，为资产的快速更新提供有力支持。同时，借鉴外部机构的先进管理经验和方法，推动科研事业单位资产管理水平的提升。

五、结论与展望

科技创新对科研事业单位资产管理提出了新的要求，包括资产的高效利用、快速更新和信息化管理等方面。为满足这些新要求，科研事业单位需要完善资产管理制度和流程、加强资产管理人员的培训和教育、加强信息化建设以及加强与外部机构的合作和交流。通过这些措施的实施，可以推动科研事业单位资产管理水平的提升，为科技创新提供更加优质、高效的服务。

展望未来，随着科技创新的不断深入和信息化技术的不断发展，科研事业单位资产管理将面临更多的机遇和挑战。因此，科研事业单位需要不断探索和创新资产管理的新模式和新方法，以适应科技创新发展的需要，并推动整体管理水平的提升。同时，还需要加强与国际先进科研机构的合作和交流，借鉴其先进的资产管理经验和方法，为推动我国科技创新事业的发展作出更大的贡献。

在科技飞速发展的时代背景下，科技创新活动成为推动社会进步和经济增长的重要动力。科研事业单位作为科技创新的主力军，其资产管理水平直接影响着科技创新活动的效率和质量。因此，本节旨在详细探讨资产管理如何支持科技创新活动，以期为提升资产管理水平、促进科技创新提供有益参考。

第二节 资产管理在科技创新活动中的作用

一、提供物质基础

资产管理为科技创新活动提供必要的物质基础。科研事业单位通过资产管理，合理配置和优化使用设备、仪器、试剂等各类资产，确保科研活动的顺利进行。同时，资产管理还关注资产的维护和更新，确保科研设备始终处于良好状态，满足科技创新的需求。

二、降低创新成本

有效的资产管理可以降低科技创新活动的成本。通过精细化管理，减少资产的闲置和浪费，提高资产利用率。此外，资产管理还可以促进资产的共享和协作使用，避免重复购置和浪费资源，进一步降低创新成本。

三、提高创新效率

资产管理有助于提高科技创新活动的效率。通过建立完善的资产管理制度和流程，实现资产的快速调配和使用，满足科研活动的紧急需求。同时，资产管理还可以提供信息化支持，实现资产信息的实时查询和监控，帮助科研人员更加便捷地获取所需资产信息，提高创新效率。

第三节 资产管理支持科技创新活动的具体措施

一、完善资产管理制度

科研事业单位应建立完善的资产管理制度，明确资产的采购、使用、维护、报废等各个环节的管理责任和要求。通过制度规范，确保资产的合理配置和优化使用，避免资产的闲置和浪费。同时，加强制度的执行和监督，确保各项制度得到有效落实。

二、加强资产管理人员的培训

提高资产管理人员的专业素养和管理能力是支持科技创新活动的关键。科研事业单位应加强资产管理人员的培训和教育，提高其对资产管理重要性的认识，掌握先进的管理方法和技术手段。通过培训和教育，使资产管理人员能够更好地为科技创新活动提供优质服务。

三、推动资产管理信息化

信息化建设是实现资产管理现代化的重要手段。科研事业单位应推动资产管理信息化，建立完善的信息化管理系统和平台。通过信息化手段，实现资产信息的实时采集、传输、处理和共享，提高资产管理的效率和准确性。同时，加强信息安全保障工作，确保资产信息的安全性和保密性。

四、促进资产共享与协作

打破部门壁垒，促进资产的共享和协作使用是支持科技创新活动的重要举措。科研事业单位应加强部门之间的沟通和协作，建立资产共享机制，实现资产的跨部门、跨项目共享。通过共享和协作，避免资产的重复购置和浪费资源，提高资产的整体利用效率。

五、建立激励机制

建立有效的激励机制是激发资产管理人员工作积极性和创造性的重要手段。科研事业单位应建立合理的绩效考核和奖惩机制，对在资产管理工作中表现突出的人员给予表彰和奖励，对管理不善或造成资产损失的人员进行问责和处罚。通过激励机制，提高资产管理人员的工作责任心和工作积极性，为科技创新活动提供更加优质的服务。

第四节　资产管理支持科技创新活动的案例分析

为更加直观地展示资产管理如何支持科技创新活动，本节选取某科研事业单位作为案例进行分析。该单位通过完善资产管理制度、加强资产管理人员的培训、推动资产管理信息化、促进资产共享与协作及建立激励机制等措施,有效提升了资产管理水平,为科技创新活动提供了有力支持。具体措施如下。

一是建立完善的资产管理制度和流程,明确各部门的管理责任和要求,确保资产的合理配置和优化使用。

二是加强资产管理人员的培训和教育,提高其专业素养和管理能力。

三是推动资产管理信息化,建立信息化管理系统和平台,实现资产信息的实时采集、传输、处理和共享。

四是促进资产的共享和协作使用,打破部门壁垒,实现资产的跨部门、跨项目共享。

五是建立有效的激励机制,激发资产管理人员的工作积极性和创造性。

通过以上措施的实施,该科研事业单位的资产管理水平得到了显著提升。资产利用率明显提高,创新成本有效降低,创新效率大幅提升。同时,该单位的科技创新成果也显著增加,为推动社会进步和经济增长作出了重要贡献。

通过完善资产管理制度、加强资产管理人员的培训、推动资产管理信息化、促进资产共享与协作及建立激励机制等措施,可以有效提升资产管理水平,为科技创新活动提供有力支持。展望未来,随着科技创新的不断深入和信息化技术的不断发展,资产管理将面临更多的机遇和挑战。因此,科研事业单位需要不断探索和创新资产管理的新模式和新方法,以适应科技创新发展的需要,并推动整体管理水平的提升。同时,还需要加强与国际先进科研机构的合作和交流,借鉴其先进的资产管理经验和方法,为推动我国科技创新事业的发展作出更大的贡献。

一、基于云计算的资产管理模式

云计算技术的发展为资产管理提供了新的模式。基于云计算的资产管理模式可以实现资产信息的实时共享和协同工作,提高资产管理的效率和准确性。在该模式下,科研事业单位可以将资产信息存储在云端,通过云端平台实现资产信息的实时查询、监控和更新。同时,云端平台还可以提供数据分析功能,帮助科研事业单位更好地了解资产的使用情况和需求,为科研决策提供有力支持。

二、基于物联网的资产管理模式

物联网技术的应用可以实现资产信息的实时采集和传输,为资产管理提供更加精准的数据支持。在该模式下,科研事业单位可以通过物联网技术对资产进行标识和跟踪,实时掌握资产的位置、状态和使用情况。同时,物联网技术还可以实现资产的智能化管理,如自动化盘点、预警提示等,进一步提高资产管理的效率和准确性。

三、数据驱动的资产管理方法

数据驱动的资产管理方法强调以数据为基础进行决策和管理。在该方法下,科研事业单位需要建立完善的资产数据库,对资产数据进行收集、整理和分析。通过数据分析,可以发现资产使用中的问题和瓶颈,为优化资产管理策略提供有力支持。同时,数据驱动的资产管理方法还可以实现资产预测和预警功能,帮助科研事业单位提前发现并解决潜在问题。

四、智能化的资产管理方法

智能化的资产管理方法利用人工智能、机器学习等技术实现资产的自动化管理和优化。在该方法下,科研事业单位可以通过智能化算法对资产数据进行处理和分析,自动识别资产的状态和使用情况,并给出相应的管理建议。同时,智能化的资产管理方法还可以实现资产的自动化调度和分配,提高资产的利用率和效率。

第五节 实施策略与建议

为实施科技创新背景下的资产管理新模式和新方法,科研事业单位需要采取以下策略和建议:一是加强顶层设计和规划,明确资产管理的目标和要求;二是加强技术引进和人才培养,提高资产管理团队的技术水平和专业素养;三是加强与外部机构的合作和交流,借鉴先进的资产管理经验和方法;四是建立完善的评估和监督机制,对资产管理效果进行定期评估和监督。

通过引入云计算、物联网等先进技术及数据驱动、智能化等新方法,可以有效提升资产管理的效率和准确性,为科技创新提供更加高效、精准的服务。同时,本书还提出了实施策略和建议,为科研事业单位实施新模式和新方法提供了有益参考。

展望未来，随着科技创新的不断深入和信息化技术的不断发展，资产管理将面临更多的机遇和挑战。因此，科研事业单位需要不断探索和创新资产管理的新模式和新方法，以适应科技创新发展的需要并推动整体管理水平的提升。同时，还需要加强与国际先进科研机构的合作和交流，借鉴其先进的资产管理经验和方法，为推动我国科技创新事业的发展作出更大的贡献。

一、数字化与智能化管理

（1）引入物联网技术：通过物联网技术，实现资产的实时跟踪和监控，提高资产管理的效率和准确性。

（2）利用大数据和人工智能：对资产数据进行深度挖掘和分析，发现管理中的问题，提出优化建议，实现智能决策支持。

（3）建立资产管理云平台：实现资产信息的集中存储、共享和访问，提高资产管理的协同性和便捷性。

二、全生命周期管理

（1）强化资产购置论证：在资产购置前进行充分的可行性论证，确保购置的资产符合科研需求，避免浪费。

（2）加强资产使用和维护管理：建立资产使用和维护档案，定期进行检查和维护，确保资产的正常运转和使用寿命。

（3）优化资产处置流程：建立规范的资产处置流程，确保资产的合理处置和残值回收。

三、共享与协作管理

（1）建立资产共享平台：将科研事业单位内部的资产进行整合和共享，提高资产的使用效率。

（2）加强单位间协作：与其他科研事业单位、高校、企业等建立合作关系，实现资源共享和优势互补。

（3）推广租赁和借用模式：对于不经常使用的资产，可以考虑采用租赁或借用的方式，减少资产的闲置和浪费。

四、绩效与风险管理

（1）建立绩效评估体系：对资产管理的绩效进行定期评估和考核，根据评估结果进行优化和改进。

(2) 强化风险管理意识：对资产管理过程中可能出现的风险进行识别和评估，制订相应的应对措施。

(3) 建立奖惩机制：根据资产管理的绩效和风险情况，对相关人员进行奖励或惩罚，激励大家积极参与资产管理创新活动。

五、人员与培训管理

(1) 加强资产管理队伍建设：培养一支既懂业务又懂技术的资产管理队伍，提高资产管理的专业水平。

(2) 定期开展培训活动：组织定期的资产管理培训活动，提高相关人员的业务素质和技能水平。

(3) 鼓励创新和学习：鼓励相关人员积极参与资产管理创新活动和学习新知识，为资产管理创新提供持续的动力和支持。

综上所述，科研事业单位资产管理创新模式需要从数字化与智能化管理、全生命周期管理、共享与协作管理、绩效与风险管理及人员与培训管理等多个方面进行探索和实践。通过不断创新和改进，推动科研事业单位资产管理向更高效、更智能、更安全的方向发展。

第六节 科研事业单位资产管理创新模式案例

一、案例一

1. 单位名称

××科学院。

2. 创新实践

科研设备共享平台。

××科学院在过去面临着科研设备利用率低、重复购置等问题。为了优化资源配置，提高设备使用效率，该科学院决定建立一个科研设备共享平台。

3. 实施步骤

对全院科研设备进行清查和评估，确定可共享的设备清单。

建立在线共享平台，将可共享的设备信息、使用状态、预约方式等发布在平台上。

制定设备共享管理办法，明确设备使用、保养、维修等责任和义务。

鼓励科研人员通过平台预约使用设备，提供设备使用培训和指导。

4. 成效

通过科研设备共享平台的建设，××科学院实现了科研设备的高效利用和资源共享。设备利用率大幅提高，重复购置现象得到有效遏制。同时，科研人员之间的交流和合作也得到了加强，推动了科研工作的进展。

二、案例二

1. 单位名称

××研究所。

2. 创新实践

基于云计算的资产管理系统。

××研究所在资产管理方面面临着信息分散、数据不一致、管理效率低下等问题。为了提高资产管理水平，该研究所决定引入云计算技术，建立一个集中、统一、高效的资产管理系统。

3. 实施步骤

对现有的资产管理系统进行梳理和分析，确定需要改进和优化的环节。

引入云计算技术，建立资产管理云平台，实现资产信息的集中存储和管理。

制订资产管理云平台的使用规范和管理制度，确保数据的准确性和安全性。

对相关人员进行培训和指导，提高资产管理云平台的使用效率和管理水平。

4. 成效

通过引入云计算技术建立资产管理云平台，××研究所实现了资产信息的集中管理、数据的一致性和准确性得到了保障。管理效率大幅提高，减少了人力和物力的浪费。同时，该平台还为研究所的决策提供了科学依据和数据支持，推动了科研工作的顺利开展。

第七节　融入社会责任与可持续发展理念的资产管理实践

社会责任与可持续发展已经成为当今社会的共识。对于科研事业单位而言，如何将这些理念融入资产管理实践中，成为新时代的新要求。本节将阐述资产管理在履行社会责任中的作用，探讨如何将可持续发展理念贯穿资产管理的全过程，以及资产管理对推动科研事业单位可持续发展的贡献。通过实践探索与案例分析，为资产管理在新时代下的社会责任与可持续发展提供示范与借鉴。

一、科研事业单位资产管理在履行社会责任中的作用

科研事业单位作为科技创新和社会进步的重要推动者，其资产管理对于单位自身的运行效率和社会责任的履行具有举足轻重的作用。在当今社会，随着科技的迅猛发展和资源环境压力的日益加大，科研事业单位资产管理的重要性越发凸显。以下将详细阐述科研事业单位资产管理在履行社会责任中的五大作用，以期为社会各界提供有益参考。

1. 优化资源配置

科研事业单位的资产管理首要职责之一就是对资源进行合理配置。这种配置不仅涉及资金、设备、人员等有形资源，还包括技术、信息、知识产权等无形资源。通过科学、合理的资产管理，可以确保科研项目得到充足的资源支持，避免资源的重复投入和浪费性竞争。同时，资产管理还能够根据科研项目的实际需求，动态调整资源配置，确保资源在关键时刻发挥最大效用。这种优化配置不仅提高了科研项目的实施效率，也降低了科研成本，为科研事业单位履行社会责任提供了坚实的物质基础。

此外，优化资源配置还有助于推动科技创新成果的产出。通过合理的资产管理，科研事业单位可以将有限的资源集中投入具有重大科学价值和社会意义的项目中，从而加速科技创新的进程。这些创新成果不仅可以推动单位自身的发展，更能为社会带来深远的积极影响，如提高生产效率、改善生活品质、推动社会进步等。

2. 避免资源浪费

科研事业单位在进行资产管理时，始终将避免资源浪费作为重要目标之

第七章 科研事业单位资产管理的新时代适应与战略选择

一。通过建立健全的资产管理制度和监管机制,可以确保资产的采购、使用、处置等环节都符合规范,有效防止资产的闲置、流失和浪费。这种管理方式不仅有助于节约社会资源,还能减少因资源浪费造成的环境压力。在当前全球资源日益紧张的背景下,避免资源浪费已成为科研事业单位履行社会责任的重要内容之一。

为避免资源浪费,科研事业单位还需要积极推动资产的共享与协作使用。通过打破部门壁垒,实现资产在单位内部的共享与协作使用,可以进一步提高资产的利用效率。同时,科研事业单位还可以探索与外部机构的合作模式,共同建立资产共享平台,实现更大范围的资源共享和优势互补。这种共享与协作的模式不仅可以降低各单位的运营成本,还能促进科技创新的跨界融合和协同发展。

3. 保障科研安全

科研事业单位的资产管理还承担着保障科研安全的重要职责。科研活动往往涉及高价值设备、敏感信息和重要成果,一旦发生安全事故,不仅会给单位造成巨大损失,还可能对社会造成严重影响。因此,资产管理必须确保科研设备的安全运行、科研信息的安全保密及科研成果的安全保护。通过建立健全的安全管理制度和应急预案,加强设备维护和人员培训,可以有效防范科研事故的发生,确保科研活动的顺利进行。

此外,资产管理还需要关注科研人员的职业健康和安全。通过改善工作环境、提供必要的劳动保护用品和健康检查等措施,可以保障科研人员的身体健康和生命安全。这既是对科研人员基本权益的尊重和保护,也是科研事业单位履行社会责任的重要体现。

4. 促进社会公平

科研事业单位的资产管理在一定程度上涉及公共资源的分配问题。这些公共资源包括财政资金、科研项目、科研设施等,它们的分配是否合理直接关系社会公平和正义的实现。通过公平、透明的资产管理方式,可以确保公共资源的合理分配和利用。这既需要建立完善的分配机制和监管机制,防止权力寻租和腐败现象的发生,又需要加强信息公开和社会监督,让公众了解资源的分配情况和使用效果,增强公众对科研事业单位的信任和支持。

此外,资产管理还可以通过推动科技成果转化和应用来促进社会公平。通过将科技创新成果转化为实际生产力或服务社会的产品和服务,可以让更多人享受到科技进步带来的红利。这不仅可以促进经济发展和社会进步,还能缩小城乡差距、地区差距和阶层差距,推动社会的全面发展和达到共同富裕。

5. 推动科技创新与社会进步

科研事业单位的资产管理不仅要关注单位自身的运行效率和社会责任的履行,还积极推动科技创新与社会进步。通过优化资源配置、避免资源浪费、保障科研安全及促进社会公平等多方面的努力,为科技创新创造了良好的条件和环境。同时,资产管理还通过推动科技成果转化和应用,将科技创新成果转化为实际生产力或服务社会的产品和服务,为经济社会发展提供了有力的支撑和保障。这种转化不仅促进了产业升级和结构调整,还带动了就业增长和民生改善,为社会的全面进步和可持续发展作出了积极贡献。

综上所述,科研事业单位资产管理在履行社会责任中发挥着不可替代的重要作用。通过资源优化配置、避免资源浪费、保障科研安全及促进社会公平等多方面的努力和实践,为科技创新和社会进步提供了坚实的支撑和保障。未来随着科技的不断发展和社会需求的不断变化,科研事业单位资产管理将面临新的挑战和机遇。因此,需要不断探索和创新资产管理的新模式和新方法,以适应新形势下的新需求和新挑战,为推动我国科技创新事业和社会进步作出更大的贡献。

二、如何将可持续发展理念融入资产管理实践

在全球经济快速发展、资源日益紧缺的今天,可持续发展已成为社会各界的共识。对于科研事业单位而言,将可持续发展理念融入资产管理实践,不仅是履行社会责任、推动科技创新的必然要求,也是提升自身竞争力、实现长期发展的重要途径。以下将详细阐述如何将可持续发展理念融入资产管理实践的 4 个方面,以期为相关单位提供有益的参考。

1. 制订可持续的资产管理策略

制订可持续的资产管理策略是将可持续发展理念融入资产管理实践的首要步骤。具体而言,需要从经济、环境和社会 3 个方面出发,全面考虑资产管理的长期效益和影响。

(1) 经济方面:在制订资产管理策略时,应注重资产的长期效益和成本控制。优先采购性价比高、能耗低的设备和材料,以降低科研活动的成本。同时,加强对资产的维护和保养,延长其使用寿命,减少频繁更换和维修带来的经济压力。此外,还可以考虑与供应商建立长期合作关系,确保以优惠价格获取高质量的产品和服务。

(2) 环境方面:推动科研活动的绿色化是资产管理策略中的重要内容。

在采购环节,应注重选择环保型的设备和材料,减少对环境的污染。例如,优先选择通过环保认证的产品,使用可再生能源进行供电等。在使用和维护环节,倡导节约使用和绿色维护方式,如推广电子化办公、实施垃圾分类和回收等。此外,还可以探索建立绿色实验室或绿色科研基地等模式,以推动科研活动的整体绿色化进程。

(3) 社会方面:在制订资产管理策略时,还需要关注其对社会的影响。例如,优先支持那些对社会有益、具有公益性质的科研项目;加强与社区、学校等机构的合作与交流,共同推动科技创新的普及和传播等。同时,还应关注员工福利和职业发展等方面的问题,为员工提供安全、健康、公平的工作环境和发展机会。

2. 实施全生命周期管理

对资产实施全生命周期管理是实现可持续发展理念的重要手段。具体而言,需要从采购、使用、维护到报废的各个环节进行全面管理和监控。

(1) 采购环节:在采购环节,应注重选择符合可持续发展要求的供应商和产品。建立严格的供应商评审制度和产品质量标准,确保采购到的设备和材料符合环保、节能等要求。同时,还可以采用竞争性谈判、公开招标等方式进行采购,以确保以最优的价格获取高质量的产品和服务。

(2) 使用和维护环节:在使用和维护环节,倡导节约使用和绿色维护方式。例如,定期对设备进行维护保养和升级改造,确保其高效运转并减少能耗;推广电子化办公和无纸化会议等模式,减少纸张浪费;加强员工培训和教育,提高员工的环保意识和操作技能等。通过这些措施的实施,不仅可以降低运营成本,还能减少对环境的影响。

(3) 报废环节:在报废环节,应采取合理的处置方式以减少对环境的影响。对于仍有使用价值的资产,可以通过拍卖、捐赠等方式进行再利用;对于无法继续使用的资产,应按照相关法律法规进行安全处置或回收利用。同时,还应建立完善的资产报废审批制度和监督机制,确保报废程序的规范化和透明化。

3. 强化资产共享与协作

推动资产在科研事业单位内部的共享与协作使用是提高资产利用效率的有效途径。具体而言,可以通过建立资产管理信息化平台、完善资产调配制度等方式实现共享与协作。

(1) 建立资产管理信息化平台:通过建立资产管理信息化平台,可以实现对资产信息的全面掌控和动态更新。各部门可以实时查询和使用相关资产信息，减少信息不对称带来的浪费和重复购置。同时，信息化平台还可以提供在线预约、审批等功能，方便员工进行资产的调配和使用。

（2）完善资产调配制度：在推动资产共享与协作使用的过程中，需要完善相关的调配制度以确保其顺利进行。例如，可以建立跨部门或跨机构的资产调配协调机制，明确各方责任和权益；制订具体的调配流程和操作规范，确保资产在调配过程中的安全性和完整性；加强对调配过程的监督和管理等。通过这些措施的实施，可以促进资产在不同部门或机构之间的合理流动和优化配置。

4. 建立完善的评估和监督机制

定期对资产管理实践进行评估和监督是确保可持续发展理念得到有效落实的重要手段。具体而言，需要建立科学的评估指标体系、制订合理的监督方案并加强结果反馈与应用。

（1）建立科学的评估指标体系：为全面客观地反映资产管理实践的可持续发展水平，需要建立包括经济效益、环境影响和社会效益等多方面的评估指标体系。这些指标可以涵盖资产管理的各个环节和方面，如采购成本的节约情况、设备运行效率的提升情况、环保标准的达标情况等。

（2）制订合理的监督方案：在监督方案的设计上，需要充分考虑科研事业单位的实际情况和需求。可以采取定期检查、专项检查或自查自纠等方式进行监督检查，以确保评估结果的准确性和可信度。同时，还可以引入第三方机构或专家团队进行专业评估和审核，为科研事业单位提供更加客观和专业的指导建议。

（3）加强结果反馈与应用：在完成评估工作后，应及时将评估结果反馈给相关部门和人员，并根据结果进行整改和调整。对于表现优秀的部门和人员，可以给予奖励和表彰；对于存在问题或不足的部门和人员，则需要提出具体的整改要求和改进措施，并跟踪督促其落实到位。通过这样的反馈机制，可以促使各部门和人员更加重视资产管理的可持续发展实践工作，不断提升自身的管理水平和综合素质。

综上所述，将可持续发展理念融入资产管理实践是一个系统性、长期性的过程，需要科研事业单位从多个方面入手并持之以恒地推进。通过制订可持续的资产管理策略、实施全生命周期管理、强化资产共享与协作以及建立完善的评估和监督机制等措施的实施，不仅可以提高资产利用效率和管理水平，还能为科研事业单位的可持续发展奠定坚实的基础。

三、资产管理对推动科研事业单位可持续发展的贡献

科研事业单位作为国家科技创新体系的重要组成部分,其可持续发展对于推动科技进步、服务经济社会发展具有重要意义。而资产管理作为科研事业单位内部管理的重要环节,对于促进单位的可持续发展发挥着不可或缺的作用。以下将详细阐述资产管理在推动科研事业单位可持续发展中的贡献,以期为相关单位提供有益的参考和借鉴。

1. 提升科研效率

资产管理通过优化资产配置和提高资产利用效率,有助于提升科研活动的效率和质量。具体而言,其作用体现在以下几个方面。

(1) 优化资产配置:资产管理能够根据科研活动的需求和特点,对单位内部的资产进行合理配置。通过统筹考虑资产的种类、数量、性能等因素,确保科研人员能够及时获得所需的设备、材料等资源,避免因资源短缺或配置不当而影响科研进度和效果。

(2) 提高资产利用效率:资产管理通过加强资产的维护、保养和更新等措施,延长资产的使用寿命并提高其使用性能。同时,通过推广共享、协作等使用模式,实现资产在单位内部的合理流动和共享利用,减少闲置和浪费现象的发生。这些措施的实施有助于提高资产的利用效率,为科研人员提供更加高效、便捷的科研环境。

(3) 降低科研成本:优化资产配置和提高资产利用效率还有助于降低科研活动的成本。通过减少重复购置、闲置浪费等现象的发生,避免不必要的资金和资源消耗。同时,合理的资产配置和维护保养还可以降低设备的运行成本和维修费用,进一步减轻单位的财务压力。

2. 促进绿色科研

将可持续发展理念融入资产管理实践,有助于推动科研活动的绿色化。具体而言,其作用体现在以下几个方面。

(1) 推广环保型资产:在资产采购和更新过程中,优先选择符合环保标准的设备和材料。这不仅可以降低科研活动对环境的污染和破坏程度,还有助于提升科研事业单位的环境保护意识和能力。

(2) 实施绿色使用和维护方式:在使用和维护资产的过程中,倡导节约使用和绿色维护方式。例如,推广电子化办公模式以减少纸张消耗和打印成本;实施垃圾分类和回收利用制度以减少垃圾产生量等。这些措施的实施有助于减少科研活动对环境的影响并推动绿色科研的开展。

3. 增强社会信誉和影响力

科研事业单位通过履行社会责任、推动可持续发展等举措，能够增强自身的社会信誉和影响力。具体而言，其作用体现在以下几个方面。

(1) 履行社会责任：作为承担国家科技创新任务的公益机构，科研事业单位在推动科技进步的同时也要积极履行社会责任。通过加强资产管理并实现可持续发展目标等措施的实施，展现单位对社会、环境和经济全面发展的关注和贡献。

(2) 提升公众认可度：通过积极参与社会公益事业、加强与社区和学校等机构的合作与交流等方式，科研事业单位可以提升自身在公众心目中的认可度和形象。这有助于增强单位的社会信誉和影响力，为吸引更多的优秀人才和资源创造有利条件。

(3) 拓展合作领域与伙伴：凭借良好的社会信誉和影响力，科研事业单位可以拓展更广泛的合作领域与伙伴。与产业界、政府部门以及其他科研机构等建立紧密的合作关系，共同推动科技创新成果的转化和应用及经济社会可持续发展目标的实现。

4. 推动科技创新成果的转化和应用

有效的资产管理还能够促进科技创新成果的转化和应用。具体而言，其作用体现在以下几个方面。

(1) 加强知识产权保护与管理：通过建立健全的知识产权保护与管理体系，确保单位内部产生的科技创新成果得到及时、有效的保护。这有助于维护单位的合法权益并避免因知识产权纠纷而影响成果的转化和应用进程。

(2) 促进产学研合作与交流：通过与产业界、政府部门以及其他科研机构等建立产学研合作与交流平台，实现科技创新成果的共享与互利共赢。这有助于加快成果的转化和应用速度，并提高单位的经济效益和社会效益。

(3) 拓展科技创新成果的应用领域与市场：凭借良好的社会信誉和影响力以及广泛的合作网络，科研事业单位可以将自身的科技创新成果推广应用到更广泛的领域和市场中去。这不仅可以为单位带来更多的经济效益和社会效益，还能够推动相关行业的技术进步和产业升级。

综上所述，资产管理在推动科研事业单位可持续发展中发挥着重要作用。通过实施优化资产配置、提高资产利用效率、促进绿色科研、增强社会信誉和影响力及推动科技创新成果的转化和应用等举措，可以为单位的长期发展提供有力支持，并推动科技创新事业不断向前发展。因此，科研事业单位应高度重视资产管理工作并不断完善相关制度和机制以确保其可持续发展

第七章 科研事业单位资产管理的新时代适应与战略选择

目标的实现。

本章从国际化视角、科技创新及社会责任与可持续发展3个方面，探讨了科研事业单位资产管理在新时代下的新形势与新要求。在新时代的背景下，科研事业单位资产管理需要不断适应与调整，探索新的管理模式和方法，以满足多重挑战下的新需求。展望未来，科研事业单位应持续关注国际化发展趋势，加强与国内外同行的交流与合作；同时，应深化与科技创新的融合，探索更多支持科研创新活动的资产管理新模式；最后，应将社会责任与可持续发展理念深入贯彻到资产管理实践中，为推动科研事业单位乃至整个社会的可持续发展作出积极贡献。